# 과학공화국 물리법정

**1**
물리의 기초

# 과학공화국 물리법정 1

물리의 기초

ⓒ 정완상, 2004

초판  1쇄 발행일 | 2004년 4월 28일
초판 40쇄 발행일 | 2024년 12월 1일

지은이 | 정완상
펴낸이 | 정은영
펴낸곳 | (주)자음과모음

출판등록 | 2001년 11월 28일 제2001-000259호
주소 | 10881 경기도 파주시 회동길 325-20
전화 | 편집부 (02)324-2347, 경영지원부 (02)325-6047
팩스 | 편집부 (02)324-2348, 경영지원부 (02)2648-1311
e-mail | jamoteen@jamobook.com

ISBN 978-89-544-0137-1 (03420)

# 과학공화국 물리법정

## 물리법정

**1 물리의기초**

정완상(국립 경상대학교 교수) 지음

|주|자음과모음

# 생활 속에서 배우는
# 기상천외한 과학 수업

물리와 법정, 이 두 가지는 전혀 어울리지 않은 소재들입니다. 그리고 여러분에게 제일 어렵게 느껴지는 말들이기도 하지요. 그럼에도 불구하고 이 책의 제목에는 분명 '물리법정'이라는 말이 들어 있습니다. 그렇다고 이 책의 내용이 아주 어려울 거라고 생각하지는 마세요.

저는 법률과는 무관한 과학을 공부하는 사람입니다. 하지만 '법정'이라고 제목을 붙인 데에는 이유가 있습니다.

이 책은 우리의 생활 속에서 일어나는 여러 가지 재미있는 사건을 다루고 있습니다. 그리고 물리적인 원리를 이용해 사건들을 차근차근 해결해 나간답니다. 그런데 크고 작은 사건들의 옳고 그름을 판단하기 위한 무대가 필요했습니다. 바로 그 무대로 법정이 생겨나게 되었답니다.

왜 하필 법정이냐고요? 요즘에는 〈솔로몬의 선택〉을 비롯하여 생활 속에서 일어나는 사건들을 법률을 통해 재미있게 풀어보는 텔레비전 프로그램들이 많습니다. 그리고 그 프로그램들이 재미없다고 느껴지지도 않을 겁니다. 사건에 등장하는 인물들이 우스꽝스럽고, 사건을 해결하는 과정도 흥미진진하기 때문입니다. 〈솔로몬의 선택〉이 법률 상식을 쉽고 재미있게 얘기하듯이, 이 책은 여러분의 물리 공부를 쉽고 재미있게 해 줄 것입니다.

여러분은 이 책을 읽고 나서 자신의 달라진 모습에 놀랄 겁니다. 과학에 대한 두려움이 싹 가시고, 새로운 문제에 대해 과학적인 호기심을 보이게 될 테니까요. 물론 여러분의 과학 성적도 쑥쑥 올라가겠죠.

물리학은 항상 정확한 판단을 내릴 수 있습니다. 왜냐하면 물리학의 법칙은 완벽에 가까운 진리이기 때문입니다. 저는 그 진리를 여러분이 조금이라도 느끼게 해주고 싶습니다. 과연 제 의도대로 되었는지는 여러분의 판단에 맡겨야겠지요.

처음 해 보는 시도라 걱정되기도 합니다. 선뜻 출판 결정을 해 주신 자음과모음의 강병철 사장님과 최낙영 주간님, 자음과모음 식구들에게 진심으로 감사를 드립니다. 마지막으로 원고 작업에 도움을 준 경상대 99 학번 임지원 양에게 진심으로 고맙다는 말을 하고 싶습니다.

진주에서

정완상

# 물리법정의 탄생

 과학을 좋아하는 사람들이 모여 사는 과학공화국이 있었다. 과학공화국의 국민들은 어릴 때부터 과학을 필수 과목으로 공부하고, 첨단 과학으로 신제품을 개발해 엄청난 무역 흑자를 올리고 있었다. 그리하여 과학공화국은 세상에서 가장 부유한 나라가 되었다.

 과학에는 물리학, 화학, 생물학 등이 있는데 과학공화국 국민들은 다른 과학 과목에 비해서 유독 물리학을 어려워했다. 돌멩이가 떨어지는 것이나 자동차의 충돌 사고, 놀이 기구의 작동 원리, 정전기를 느끼는 일 등과 같은 물리적인 현상은 주변에서 쉽게 관찰되지만 그러한 현상들의 원리를 정확하게 알고 있는 사람은 드물었다.

 그 이유는 과학공화국의 대학 입시 제도와 관련이 깊었다. 대부분의 고등학생들은 대학 입시에서 높은 점수를 받기 쉬운 화학, 생물을 선호하고 물리를 멀리했다. 학교에서는 물리를 가르치는 선생님들이 줄어들었고, 선생님들의 물리 지식 수준 역시 낮아졌다.

이런 상황에서도 과학공화국에서는 물리를 이해해야 해결할 수 있는 크고 작은 사건들이 많이 일어났다. 그런데 사건의 상당수를 법학을 공부한 사람들로 구성된 일반 법정에서 다루어서 정확한 판결을 내리기가 힘들었다. 이로 인해 물리학을 잘 모르는 일반 법정의 판결에 불복하는 사람들이 많아져 심각한 사회 문제로 떠오르고 있었다.

그리하여 과학공화국의 박과학 대통령은 회의를 열었다.

"이 문제를 어떻게 처리하면 좋겠소?"

대통령이 힘없이 말을 꺼냈다.

"헌법에 물리적인 부분을 좀 추가하면 어떨까요?"

법무부 장관이 자신 있게 말했다.

"좀 약하지 않을까?"

대통령이 못마땅한 듯 대답했다.

"물리학과 관계된 사건에 대해서는 물리학자를 법정에 참석시키면 어떨까요? 의료 사건의 경우 의사를 참석시켰는데 성공적이었거든요."

의사 출신인 보건복지부 장관이 끼어들었다.

"의사를 참석시켜서 뭐가 성공적이었소? 의사들의 실수로 인한 의료 사고를 다루는 재판에서 의사가 피고(소송을 당한 사람)인 의사 편을 들어 피해자가 속출했잖소."

내무부 장관이 보건복지부 장관에게 항의했다.

"자네가 의학을 알아? 전문 분야라 의사들만 알 수 있어."

"가재는 게 편이라고 의사들에게 항상 유리한 판결만 나왔잖아."

평소 사이가 좋지 않은 두 장관의 논쟁을 벌였다.

"그만두시오. 우린 지금 의료 사건 얘기를 하는 게 아니잖아요. 본론인 물리 사건에 대한 해결책을 말해 보세요."

부통령이 두 사람의 논쟁을 막았다.

"우선 물리부 장관의 의견을 들어 봅시다."

수학부 장관이 의견을 냈다.

그때 조용히 눈을 감고 있던 물리부 장관이 말했다.

"물리학으로 판결을 내리는 새로운 법정을 만들면 어떨까요? 한마디로 물리법정을 만들자는 겁니다."

"물리법정!"

침묵을 지키고 있던 박과학 대통령이 눈을 크게 뜨고 물리부 장관을 쳐다보았다.

"물리와 관련된 사건은 물리법정에서 다루면 되는 거죠. 그리고 그 법정에서의 판결들을 신문에 실어 널리 알리면 사람들이 더 이상 다투지 않고 자신의 잘못을 인정할 겁니다."

물리부 장관이 자신 있게 말했다.

"그럼 물리와 관련된 법을 국회에서 만들어야 하잖소?"

법무부 장관이 물었다.

"물리학은 정직한 학문입니다. 사과나무의 사과는 땅으로 떨어지지 하늘로 올라가지는 않습니다. 또한 양의 전기를 띤 물체와 음의 전기를 띤 물체 사이에는 서로 끌어당기는 힘이 작용하죠. 이것은 지위와 나라에 따라 달라지지 않습니다. 이러한 물리적인 법칙은 이미 우리 주위에 있으므로 새로운 물리법을 만들 필요는 없습니다."

물리부 장관의 말이 끝나자 대통령은 입을 환하게 벌리고 흡족해했다. 이렇게 해서 물리공화국에는 물리 사건을 담당하는 물리법정이 만들어지게 되었다.

이제 물리법정의 판사와 변호사를 결정해야 했다. 하지만 물리학자는 재판 진행 절차에 미숙하므로 물리학자에게 재판 진행을 맡길 수는 없었다. 그리하여 과학공화국에서는 물리학자들을 대상으로 사법고시를 실시했다. 시험 과목은 물리학과 재판진행법 두 과목이었다.

많은 사람들이 지원할 거라 기대했지만 3명의 물리법조인을 선발하는 시험에 3명이 지원했다. 결국 지원자 모두 합격하는 해프닝을 연출했다.

1등과 2등의 점수는 만족할 만한 점수였지만 3등을 한 물치는 시험 점수가 형편없었다. 1등을 한 물리짱이 판사를 맡고 2등을 한 피즈와 3등을 한 물치가 원고(법원에 소송을 한 사람) 측과 피고 측의 변론(법정에서 주장하거나 진술하는 것)을 맡게 되었다.

이제 과학공화국의 사람들 사이에서 벌어지는 수많은 사건들이 물리법정의 판결을 통해 원활히 해결될 수 있었다. 그리고 국민들은 물리법정의 판결들을 통해 물리를 쉽고 정확히 알게 되었다.

# | 차례 |

# 소리와 열은 어떻게 달라질까

# 조용한 콘서트홀

콘서트홀에서 음악 소리가 안 들리면
건축업자의 책임일까

**사건
속으로**

음악의 나라인 뮤지오 왕국은, 세계에서 유일한 왕국이다.
뮤지오 왕국의 왕인 한소리는 음악을 무척이나 사랑하여 음
악회를 자주 열었다. 한소리 왕은 국민들과 함께 음악회에
매번 참석했다.

뮤지오 왕국은 작은 왕국이었기 때문에 지금 있는 콘서트홀
의 규모는 크게 문제되지 않았다. 그러나 뮤지오 왕국의 음
악이 훌륭하다는 소문이 꼬리에 꼬리를 물고 이웃 나라들에
퍼진 것이 문제였다. 물리공화국과 수학공화국의 사람들도

뮤지오 왕국을 찾았다.

음악회를 찾는 사람들이 많아지자 한소리 왕은 콘서트홀을 확장해야 할 필요성을 느꼈다. 그래서 수천 명이 동시에 관람할 수 있는 대형 콘서트홀 건설을 계획했다. 그리고 푹신 건설이 이번 공사를 맡게 되었다. 푹신 건설은 푹신푹신한 재질의 자재를 사용하여 쾌적한 건물을 짓는 것으로 유명한 회사였다.

이윽고 콘서트홀이 완성되었다. 조개껍데기 모양의 겉모습은 누가 봐도 콘서트홀 같았다. 내부로 들어가는 모든 바닥에는 왕국에서 제일 좋은 카펫들이 깔려 있고, 벽에는 동물의 털이 붙어 있어 아늑하고 따스한 느낌이 드는 콘서트홀이었다. 좌석은 양털 가죽을 뒤집어씌운 푹신한 소파였다. 오랜 시간 앉아 있어도 불편하지 않은 최적의 환경이었다.

새로 지은 콘서트홀에서 처음으로 음악회가 열리는 날이었다. 한소리 왕은 푹신한 소파에 앉아 흐뭇한 표정으로 연주가 시작되기를 기다렸다.

곧이어 음악회가 시작되었다. 그러나 음악 소리는 웅장하게 퍼지기는커녕 점점 약해지면서 나중에는 아예 잘 들리지 않았다. 이런 상황에서 음악회를 더 이상 진행할 수 없었다. 한소리 왕은 콘서트홀에 문제가 있다고 여겼다.

그러나 뮤지오 왕국에서는 이러한 물리적인 현상을 제대로

장소에 따라 소리의 크기가 달라질 수 있습니다.
소리를 잘 흡수하는 사물들을 알아봅시다.

설명할 수 있는 사람이 없었다. 그리하여 이웃 과학공화국의 물리법정에 푹신 건설을 고소(범죄의 피해자가 범죄 사실을 경찰에 신고하는 것)했다.

여기는
물리법정

음악을 듣지 못해서 한소리 왕이 화가 났군요. 과연 콘서트홀을 다시 지을 수 있을까요? 어서 오세요. 여기는 여러분의 과학 공부에 날개를 달아주는 물리법정입니다.

물리짱 판사

물치 변호사

피즈 검사

재판을 시작합니다. 피고 측 말씀하세요.

푹신 건설은 한소리 왕의 요구대로 수천 명이 동시에 입장할 수 있는 현대적인 콘서트홀을 지었습니다. 콘서트홀에서 음악 소리가 잘 들리지 않은 것은 잘못 지어서가 아닙니다. 콘서트홀의 규모가 커진 데 비해 마이크나 스피커의 성능이 떨어지기 때문입니다. 따라서 한소리 왕의 고소에는 아무런 근거가 없다고 주장하는 바입니다.

원고 측 말씀하세요.

저는 한소리 왕에게 사건을 의뢰받고 음향 전문가인 이음향 씨와 함께 콘서트홀 내부를 둘러보았습니다. 이음향 씨를 증인으로 요청합니다.

이음향이 증인석에 앉았다.


    증인은 음향에 대한 전문가이죠?

    네, 저는 물리 음향 연구소 소장입니다.

    증인은 뮤지오 왕국 콘서트홀을 둘러보았습니다. 어떻던가요?

    콘서트홀로서는 적합하지 않다는 느낌을 받았습니다.

    적합하지 않다고요? 어떤 이유에서죠? 자세히 좀 설명해 주세요.

    콘서트홀은 음악을 사랑하는 사람들이 음악을 감상하는 곳입니다. 그런 만큼 소리가 잘 들리도록 건물을 설계할 필요가 있죠. 하지만 콘서트홀의 내부는 온통 소리를 잘 흡수하는 재질들로 이루어져 있었습니다.

    구체적으로 어떤 것들이죠?

    바닥의 카펫, 양털 소파, 벽에 장식한 동물의 털, 이런 것들은 소리를 잘 흡수하는 재질입니다.

    소리를 잘 흡수하는 재질을 사용하면 안 되는 이유가 있습니까?

    물론입니다. 콘서트홀의 스피커를 통해 나온 소리는 계속 내부 벽에 부딪쳐 반사되어 콘서트홀 전체를 감돌아야 관객들은 웅장한 소리를 느낄 수 있습니다. 그런데 지금의 구조라면 스피커에서 나온 소리가 바닥의 카펫이나 소파에 파묻히게 되어, 소리가 사라지게 됩니다. 그러니까 점점 소리가 작아지는 것처럼 여겨지겠죠.

그렇다면 웅장한 소리를 기대하기는 힘들겠군요?

그렇습니다. 일반적으로 좋은 콘서트홀을 만들기 위해서는 소리를 잘 흡수하지 않는 단단한 재질을 사용하여 내부를 설계해야 합니다.

존경하는 재판장님, 이음향 씨의 얘기에 비추어 볼 때 콘서트홀의 시공업자인 푹신 건설은 콘서트홀에 적합하지 않게 내부를 설계하였습니다. 이로 인해 뮤지오 왕국의 한소리 왕과 국민들이 좋은 음악회를 감상할 수 없게 되었습니다. 이번 사건은 푹신 건설의 소리에 대한 무식함에서 비롯된 것이므로 모든 책임이 푹신 건설에 있습니다. 따라서 한소리 왕의 고소는 정당하다고 주장하는 바입니다.

판결을 내리겠습니다. 소리의 반사가 잘 이루어지지 않는 콘서트홀의 푹신한 재질 때문에 소리가 잘 들리지 않는다는 점이 인정됩니다. 하지만 건물을 헐고 새로운 콘서트홀을 짓는 것은 낭비입니다. 따라서 푹신 건설은 이음향 씨의 자문을 받아, 콘서트홀의 내부를 소리가 잘 반사될 수 있는 자재로 바꿀 것을 선고(판사가 판결을 알림)합니다.

푹신 건설은 이음향 씨의 설계에 따라 콘서트홀의 내부를 바꾸었다. 콘서트홀을 다시 개관하던 날, 한소리 왕은 개관 기념 콘서트에 갔다. 오케스트라가 연주하는 웅장한 소리가 콘서트홀을 가득 메웠다. 콘서트홀 안에서는 더 이상 푹신푹신한 것을 찾아볼 수 없었다.

# 립싱크 가수왕

**노래를 못 불러도
가수왕이 될 수 있을까**

과학공화국에서 가요는 10대들의 문화에서 빼놓을 수 없다. 청소년들은 꽃미남 혹은 꽃미녀로 불리는 외모를 가진 가수들의 춤에 열광했다. 분위기가 이러하다 보니 기획사들은 청소년들의 요구를 충실히 이행하고자 경쟁적으로 얼짱 가수들을 데뷔시켰다.

그러나 외모에만 너무 치중하다 보니 가창력이 뛰어난 이들이 절대적으로 부족하게 되었다. 어쩔 수 없이 얼짱 가수들은 립싱크를 통해 무대에 서게 되었다.

하지만 모든 기획사가 얼짱 립싱크 가수를 키운 것은 아니다. 비록 외모에서는 그들에게 밀리더라도 가창력 있는 젊은이를 키워 가요계의 발전에 기여하는 기획사도 있었다. 그런 기획사 중의 하나가 30년 전통의 한가창 기획사였고, 그 기획사의 대표 가수는 한노래 양이었다.

빼어난 가창력에도 불구하고 한노래는 인기 가수는 아니었다. 그녀는 다른 얼짱 가수들에 비해 몸무게가 많이 나갔으며, 평범한 외모였다. 반면, 생긴 지 5년 만에 입뻥끗 기획사는 섹시함과 청순함을 동시에 강조한 댄스 그룹 립싱클을 스타로 만들었다.

해마다 연말이 되면 과학공화국 방송국에서는 올해의 가수왕을 선정한다. 올해의 수상 후보는 한노래와 립싱클이었다. 립싱클은 데뷔 이후 출연한 모든 가요 프로그램에서 립싱크로 노래했지만 외모 덕분에 가요 프로그램의 단골손님이었다. 하지만 음반 판매량에 있어서 그들의 음반은 가창력으로 승부하는 한노래의 절반에도 미치지 못했다.

드디어 두 후보 중 한 명이 가수왕이 되는 긴장된 순간이었다. 사회자인 무책임 씨가 조그만 엽서를 들고 나왔다. 이제 올해의 가수왕이 탄생되기 직전이었다.

"올해의 가수왕은… 립, 싱, 클!!"

한노래는 그 자리에서 울음을 터뜨렸고, 미녀 사총사로 이루

가창력은 소리의 에너지와 관련된 능력입니다.
물리적으로 볼 때 가수란 무엇인지 알아볼까요?

어진 립싱클은 화려한 의상을 뽐내며 무대로 뛰어나왔다.

한가창 기획사는 한 번도 라이브를 부르지 않고 오로지 립싱크로만 방송했던 댄스 그룹에게 가수왕을 주는 것은 불합리하다고 생각했다. 가수왕 선발을 한 심사단과 방송국을 물리법정에 고소했다.

<br>

**여기는 물리법정**

물리적으로 가수는 어떻게 정의될까요? 한노래의 요구대로 가수왕을 다시 선정하게 될까요? 물리법정에서 소리의 에너지에 대해 알아봅시다.

물리짱 판사

물치 변호사

피즈 검사

🧑‍🦱 피고 측 말씀하세요.

😊 지금은 시대가 달라졌습니다. 노래만 잘 불러서 인기가수가 되는 시대는 이미 저만치 갔습니다. 오늘날의 인기 가수는 노래뿐만 아니라 춤과 끼가 있어야 합니다. 대중들은 그러한 가수들을 선호하죠. 그러므로 화려한 섹시 댄스와 무대 매너로 많은 사람들의 찬사를 받은 립싱클에게 가수왕을 주는 것은 아무런 문제가 없다고 생각합니다.

🧑‍🦱 흠… 원고 측 말씀해 주세요.

👵 물치 변호사님은 인기 가수에 대해 선입견을 가지고 있군요. 이것을 증명하기 위해 연예 신문의 짱 기자를 증인으

로 신청합니다.

무테 안경을 쓴 20대 후반의 남자가 증인석에 앉았다.

🧑‍🦱 증인은 연예 신문의 가수들에 대한 기사를 담당하고 있죠?

🧑 네, 수년째 가수들에 대한 기사를 전담하고 있습니다.

🧑‍🦱 금년에 가장 많은 앨범이 팔린 가수는 누구입니까?

🧑 한노래 씨만이 이 불경기 속에서 100만 장을 넘는 밀리언셀러였습니다.

🧑‍🦱 그럼 립싱클의 판매량은 어때요?

🧑 한 30만 장 정도 팔린 걸로 알고 있습니다.

🧑‍🦱 그럼 립싱클의 음반 판매 순위는 어느 정도입니까?

🧑 10위 정도로 알고 있습니다.

🧑‍🦱 답변 고맙습니다. 다음 증인으로 음악 물리학의 권위자인 이뮤즈 박사를 요청합니다.

하얀 구두를 신고 아이보리 양복에 빨간 나비넥타이를 맨 50대 남자가 이어폰으로 음악을 들으면서 증인석으로 걸어 나왔다.

박사님은 음악 물리학을 연구한 것으로 알고 있습니다. 사실인가요?

평생을 소리와 음악 속의 물리 법칙을 연구했습니다.

그럼 가창력이 있다는 것은 무엇을 말하는가요?

소리를 크게 내는 것은 소리의 진폭과 관계되고, 높은 음을 낸다는 것은 소리의 진동수와 관련이 됩니다. 큰 소리와 높은 음은 많은 에너지를 필요로 합니다. 그런데 소리의 크기는 좋은 마이크를 통해 얼마든지 증폭시킬 수 있으므로 요즘에는 큰 문제가 되지 않습니다. 요즘에 활동하는 대부분의 가수들은 높은 음을 잘 내지 못합니다.

그 이유는 뭐라고 생각하십니까?

높은 음을 내기 위해서는 소리를 내는 발성기관의 진동수를 크게 해야 합니다. 그런 훈련이 부족하다고 볼 수 있습니다.

그럼 음반에서는 고음을 잘 내는데 라이브를 못하는 것은 무슨 이유입니까?

그것은 두 가지로 생각할 수 있습니다. 첫째, 음반을 만들 때는 춤을 추지 않고 가장 편한 상태에서 소리만을 냅니다. 그리고 가장 녹음이 잘된 것을 택해 음반을 만들죠. 또한 음반에 수록되는 소리는 그 가수의 진짜 소리가 아닐 수도 있습니다.

🧑 그건 무슨 말이죠?

👨 지금은 녹음 기술이 발달되어 다른 사람의 소리나 기계로 만든 소리를 가수의 소리에 보탤 수 있습니다. 또한 불안정하게 나오는 소리를 안정된 소리로 만들 수도 있습니다.

🧑 그렇다면 가짜 목소리일 수도 있겠군요?

👨 그럴 수도 있습니다. 하지만 춤을 너무 격렬하게 추면 몸의 에너지를 운동 에너지로 많이 소비하므로, 높은 음을 내기 위해 충분한 소리의 에너지를 만들지 못할 수도 있습니다.

🧑 잘 알겠습니다. 존경하는 재판장님, 가수는 노래를 잘 부르는 사람입니다. 일반인들로서는 올라가기 힘든 고음을 안정되게 처리해 명곡을 부르는 사람이 진정한 가수입니다. 에너지적으로 볼 때 가수는 남들보다 큰 소리 에너지를 만들 수 있는 사람입니다. 댄스는 가수가 가사를 어필하기 위한 수단일 따름이므로 좋은 가수의 여부를 가늠하는 척도가 될 수는 없습니다.

따라서 음반 판매량에서 1위를 차지하고도 연말 가수왕에서 탈락한 한노래 씨의 불만에는 이유가 있습니다. 립싱클의 가수왕은 재고할 필요가 있습니다.

🧑 갈수록 립싱크 가수들이 많아지고 있는 현실에서 노래를 못해도 얼짱, 춤짱이기만 하면 인기 가수가 될 수 있는 것

은 문제입니다. 물리학적으로 가수는 높은 진동수의 소리를 낼 수 있는 충분한 가창력을 지니고 있어야 합니다. 녹음 기술과 립싱크, 또 댄스를 이용하여 노래를 잘 부르는 사람처럼 행동하는 것은 명백한 사기 행위라고 볼 수 있습니다.

따라서 방송에서 단 한 번도 라이브로 노래를 부른 적이 없는 립싱클의 가창력에 대한 의문이 제기될 수 있습니다. 립싱클의 가수왕 선정은 선정 과정과 기준에 문제가 있습니다. 그러므로 가수왕 심사 기준을 물리학적으로 정확하게 세워 다시 가수왕을 뽑고, 별도의 상으로 립싱크상을 제정하는 것이 좋을 듯합니다.

이렇게 해서 방송국은 가창력 가수왕에 한노래를 선정하고, 립싱크 가수왕에 립싱클을 선정했다.

# 내 방에도 침대가

**단열 창을 설치하지 않으면
어떤 피해를 입을까**

**사건
속으로**

사이언스 시티의 변두리에는 서민형 아파트들이 모여 있었다. 그 아파트들은 식구 수에 비해 평수가 작은 편이었다.

중학교에 다니는 아들과 고등학교에 다니는 딸을 둔 유서민 씨 역시 작은 평수의 아파트에 살고 있었다. 다행히 방이 세 개 있어서 유서민 씨 부부가 사용하는 방을 비롯해, 딸과 아들이 각각 방을 가질 수 있었다.

그런데 아들의 방에 문제가 있었다. 방이 너무 작아 침대를 들여놓을 수 없었다. 아들은 자기만 침대가 없다고 투정을 부리고 며칠 동안 굶으면서 시위를 했다. 그렇지만 방이 작기 때문에 아들의 요구는 요구에서만 끝날 수밖에 없었다. 그러다 우연히 한 장의 광고 전단지를 발견했다.

> 베란다를 터서 방을 확장시켜 드립니다.
> —리모델링스 주식회사 사장 이부실

아들 때문에 골머리를 썩고 있던 유서민은 정말 반가웠다. 리모델링스 회사는 아파트 뒤 공터에 접수처를 설치하여 주문을 받고 있었다. 유서민이 신청하러 갔을 때 제법 많은 주민들이 줄을 이루고 있었다. 유서민도 아들의 방 벽을 헐어 베란다 쪽으로 방을 넓히는 공사를 신청했다.

드디어 공사가 시작되었다. 아들 방의 벽이 허물어지고 베란다까지 방으로 개조되면서, 방은 침대를 들어놓을 수 있을 정도로 넓어졌다. 아들은 공사 기간 내내 마루 소파에서 잤지만 자신의 방에도 침대가 들어온다는 사실 때문에 불편함을 잊었다.

드디어 공사가 끝나자 아들은 새 침대를 창가 쪽에 놓았다. 유서민은 이제 한시름을 놓는 듯했다. 그러나 베란다 유리창을 통해 들어오는 한기가 방 전체로 퍼졌다. 밤새도록 추위에 떤 아들은 결국 심한 감기에 걸려 병원에 입원하기에 이

열은 온도가 높은 곳에서 낮은 곳으로 이동합니다.
가정에서 흔히 볼 수 있는 단열 창은 열의 특성을 이용해 만들었습니다.

르렀다.

유서민은 이와 같은 일들이 부실 공사 때문에 생긴 것이라고 생각했다. 이부실 사장을 물리법정에 고소했다.

여기는
물리법정

이부실 씨, 공사비 아끼려다 고생하시네요. 이부실 씨는 유서민 씨의 요구대로 공사를 다시 해야 할까요? 물리법정에서 열의 이동에 대해 배워 봅시다.

물리짱 판사

물치 변호사

피즈 검사

 피고 측 말씀하세요.

피고 이부실 씨를 증인으로 요청합니다.

검은 양복을 입고 짜리몽땅한 키에 배가 튀어나온 40대 남자가 증인석에 앉았다.

 증인은 유서민 씨의 집 베란다 확장 공사를 맡았죠?

네.

유서민 씨가 어떤 공사를 부탁했습니까?

아들 방의 벽을 헐어 방을 넓혀 달라고 했습니다. 그래서 저는 주문한 대로 공사를 했을 뿐입니다.

유서민 씨가 시공에 대해 다른 요구를 한 것은 없습니까?

🧑 네.

🧑 이부실 사장은 유서민 씨의 요구대로 베란다 쪽으로 난벽을 헐어 방을 넓혀 주었습니다. 이로 인해 방의 유리창은 사라지고, 베란다 유리창이 유서민 씨 아들 방의 유리창이 된 것입니다. 이렇게 베란다 유리창과 방 유리창 사이의 공간이 없어지면, 외부의 찬 공기가 유리창 하나를 통해 들어오게 되어 방의 온도가 떨어지는 것은 물리학의 기본 상식입니다. 유서민 씨가 그런 것을 알면서도 공사를 부탁했다면, 그것은 난방 기구를 이용하여 스스로 해결할 문제이지 방을 확장해 준 리모델링스 회사가 책임질 일은 아니라고 생각합니다. 따라서 유서민 씨의 주장은 아무 근거가 없습니다.

🧑 피즈 검사 말씀하세요.

🧑 열 연구소의 이열박 박사를 증인으로 요청합니다.

체크무늬 콤비를 세련되게 차려 입은 지적으로 보이는 남자가 증인석에 앉았다.

🧑 증인은 과학공화국 최고의 열 박사시죠?

🧑 주위에서 그렇게 얘기하더군요.

🧑 이열박 박사님, 아파트의 난방에 대해 말씀하시죠.

🧑 일반적으로 아파트에는 베란다와 외부를 연결하는 유

리창과 베란다와 방 사이의 유리창이 있습니다. 그러니까 방의 유리창과 베란다의 유리창을 닫으면 이중의 창문에 의해 단열이 되는 거죠.

단열이라니요?

아파트는 보일러에 의해 난방이 됩니다. 열은 항상 온도가 높은 곳에서 온도가 낮은 곳으로 이동합니다. 아파트의 열기가 외부로 흘러 나가게 되면 아파트의 실내 기온이 떨어져 추위를 느끼게 되는 거죠.

그럼 이중창일 때와 그렇지 않을 때는 어떤 차이가 있습니까?

유리창이 두 개일 때는 창 사이에 공기가 있습니다. 공기는 열을 잘 전달하지 않는 성질이 있어요. 방 유리창을 통해 열이 잘 빠져나가지 않으니까 방 안의 온기가 유지될 수 있다고 볼 수 있죠. 하지만 유리창이 하나인 경우에는 유리창을 통해 따뜻한 실내의 열이 차가운 외부로 흘러나가기 쉬워요. 방 안의 온도가 급속히 떨어질 수 있죠.

그럼 베란다 확장 공사를 해서 방을 넓히는 것은 방의 면적만 넓어질 뿐 겨울에 사람이 지낼 수 있는 환경은 못 되는군요?

아, 그렇지는 않습니다. 요즘은 유리의 종류도 다양합니다. 유리창 자체가 이중창의 구조로 되어 있다면 열이 쉽게 밖으로 빠져나가지는 않을 것입니다.

🤔 이열박 박사의 증언대로 리모델링스가 이중창 구조의 유리창을 사용하였다면 이번 사건은 발생하지 않았을 것입니다. 따라서 리모델링스의 건축업자 자격을 의심해 보아야 합니다. 그들은 유리창 두 개가 하나로 바뀌었을 때의 단열 처리에 대해 아는 바가 없었다고 생각합니다.

만일 넓어진 방의 유리창을 단열의 효과가 있는 이중창으로 달았다면 유서민 씨의 아들이 추위에 떨면서 자는 일은 일어나지 않았을 것입니다. 따라서 리모델링스의 부실 공사를 인정해야 합니다.

👨‍🦱 판결 내리겠습니다. 최근 아파트마다 베란다를 헐어 방을 넓히는 일이 유행처럼 번지고 있습니다. 방뿐만 아니라 베란다를 헐어 거실을 넓히고, 부엌을 넓히고 있습니다. 이로 인해 아파트의 실내가 유리창을 통해 외부 공기와 맞닿게 되었습니다. 따라서 실내가 차가워지는 것은 당연합니다.

물론 베란다의 유리창을 이중창으로 사용하면 유리와 유리 사이에 있는 공기가 열이 밖으로 빠져나가지 못하도록 하여 실내의 온도를 유지할 수 있습니다. 하지만 공사의 단가가 올라가게 됩니다. 리모델링스 주식회사는 공사비를 적게 들이려는 목적으로, 아파트의 베란다 유리창은 예전 것을 사용하고 벽을 허는 공사를 해 왔습니다. 이중창을 사용하지 않고 방을 넓히면 추워진다는 것을 광고지를 통해 사람들에게 알리지 않은 점은 리모델링스의 잘못입니다.

하지만 내 집만 방이 넓어지면 된다는 생각으로 인해 베란다 확장 공사가 늘어나고 있는 현실을 무시할 수는 없습니다. 이에 물리법정에서는 유서민 씨의 책임 또한 묻지 않을 수 없습니다.

이에 다음과 같이 판결합니다. 이미 넓어진 방을 원래대로 돌리는 것보다는 유서민 씨가 이중창 비용을 부담하고, 기존의 유리창을 이중창으로 바꾸는 인건비는 리모델링스가 부담하는 것이 좋겠습니다.

얼마 후 유서민 아들 방의 유리창은 특수 이중창으로 교체되었다. 유서민은 흐뭇한 눈빛으로 아들을 바라보았다. 아들은 창밖의 별을 감상하며 그토록 원했던 자신의 침대에 누워 책을 읽고 있었다.

# 소리가 소곤소곤

소리는 물체의 진동에 의해 만들어진 파동입니다. 그래서 소리를 다른 말로 음파라고도 하지요.

그럼 소리를 어떻게 듣느냐고요? 방법은 간단합니다. 박수를 쳐 볼까요? 손 주위의 공기들이 진동하여 옆으로 퍼져 나가고, 이러한 공기의 진동이 다른 사람 귓속의 고막을 진동시키는 거랍니다. 그렇게 해서 박수소리를 듣게 되는 거죠.

● 파동이 흔들흔들

파동이 뭘까요? 파동은 영어로 'wave'입니다. 사전을 찾아보면 'wave'는 파도라는 뜻입니다. 이상하지 않나요? 파동하고 파도하고 같은 단어를 사용하다니 말이에요.

파도는 파동 현상을 볼 수 있는 예에 해당합니다. 파도를 자세히 보면 높이 올라간 부분도 있고 움푹 들어간 부분도 보이지요? 이렇게 오르락내리락하는 진동이 옆으로 퍼져 나가는 파동 현상이 나타납니다.

자 그럼, 우리도 한번 파동을 만들어 볼까요? 먼저 줄 하나를 준비하세요. 줄의 한쪽 끝을 벽에 묶어 보세요. 그리고 다른 한

어때?
나의 우아한
웨이브 댄스가

줄을 흔들면 물결 모양이 생기죠?
바로 이것이 파동입니다.

쪽 끝을 손으로 잡고 흔들어 보세요. 그러면 물결 모양이 생길 거예요.

이것이 바로 줄에 만들어진 파동입니다. 이때 가장 높이 올라간 지점을 '마루'라고 하고 가장 낮은 지점을 '골'이라고 합니다. 또 마루에서 마루까지의 거리를 파동의 파장이라고 합니다. 우와, 어려운 말들이 많이 나오죠!

하지만 직접 실험해 보면 쉽게 이해가 될 거예요. 줄을 천천히 흔들어 보세요. 마루와 마루 사이의 거리가 길어질 겁니다.

파장도 함께 길어졌군요. 이렇게 파장이 긴 파동은 에너지가 작습니다.

이번에는 줄을 세게 흔들어 보세요. 마루와 마루 사이의 거리가 짧아지지요? 파장이 짧아지지요? 이렇게 파장이 짧은 파동은 에너지가 큽니다. 아하! 파동의 에너지는 파장이 짧을수록 커지는군요.

하나 더 배워야 할 말이 있습니다. 뭐냐고요? 바로 진동수라는 말입니다. 파동은 한 부분의 진동이 옆으로 퍼져 나가는 현상입니다. 이때 1초 동안 진동을 한 횟수를 나타내는 양을 진동수라고 하죠. 1초 동안 진동을 많이 하면 진동수가 커집니다. 진동수가 커지면 한 번 진동을 하는 데 걸리는 시간은 짧아지지요? 그리고 첫 번째 마루 다음에 두 번째 마루가 나타나는 시간도 짧아집니다. 즉, 마루와 마루 사이의 거리가 짧아지는 거죠. 아하! 이제 아시겠죠? 꼭 기억하세요. 파동의 진동수가 크면 파장이 짧아집니다. 그리고 하나 더! 파장과 진동수는 서로 반비례합니다.

# 공기의 저항은 어떻게 달라질까

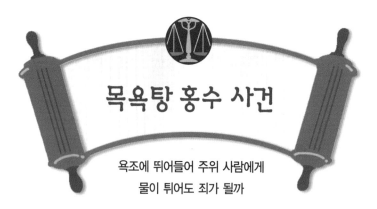

# 목욕탕 홍수 사건

**욕조에 뛰어들어 주위 사람에게
물이 튀어도 죄가 될까**

**사건
속으로**

평소 목욕을 자주 하던 깔끔해는 사건이 일어난 그날에도 동네 목욕탕에 갔다. 그녀는 평소처럼 탕 주위에 자리를 잡고 목욕할 준비를 하고 있었다.

그때 성질 급하기로 소문난 나급해가 목욕탕으로 들어왔다. 나급해는 동네에서 제일 뚱뚱한 아줌마였다. 그녀는 마치 수영장에 뛰어들 듯 탕 속으로 첨벙 뛰어들었다. 그러자 욕탕 물이 밖으로 세차게 튀어 나갔고 깔끔해의 눈으로도 튀었다.

"아줌마! 물이 튀었잖아요?"

깔끔해가 나급해에게 소리쳤다.

"물이 가득 차 있어서 그런 걸 어떻게 해. 젊은 아가씨가 그런 걸 갖고 뭘 그래?"

나급해는 능글맞게 오히려 깔끔해를 나무랐다. 깔끔해는 기분이 더 나빠졌다.

"아줌마가 잘못해 놓고 왜 저한테 큰소리치는 거예요? 뭐 묻은 사람이 뭐 묻은 사람보고 큰소리친다고 하더니!!"

"누가 들어갔어도 물은 넘치잖아?"

나급해가 깔끔해의 말을 막았다.

"아줌마가 사과해요!"

"못해!"

"사과하라니까요!!"

"사과는 무슨 사과!!!"

결국 두 사람은 목욕탕에서 싸움을 하게 되었고, 이 사건은 물리법정으로 넘어갔다.

물은 물체의 부피만큼 넘쳐흐릅니다.
아르키메데스의 원리에 대해 알아봅시다.

목욕탕 속에 들어갈 때는 천천히 들어가야겠군요. 물리법정에서 아르키메데스의 원리에 대해 알아봅시다.

물리짱 판사

🧑 자, 피고 측 말씀하세요.

🧑 목욕탕의 물이 가득 차 있었기 때문에 누가 들어갔더라도 물이 넘치는 것은 당연한 이치입니다.

물치 변호사

물치 변호사는 컵에 물을 가득 부어 놓고 그 속에 골프공을 세게 던졌다. 골프공이 들어가자마자 물이 세차게 컵 밖으로 흘러넘쳤다.

피즈 검사

🧑 존경하는 재판장님, 가득 차 있는 물속에 물체를 넣으면 물체의 부피만큼 물이 밖으로 넘쳐흐르는 것은 잘 알려져 있는 물리법칙입니다. 따라서 나급해 씨가 탕에 들어가는 순간 물이 튀어 깔끔해 씨의 얼굴에 튀는 것은 당연합니다. 나급해 씨에게는 책임이 없다고 주장합니다.

🧑 원고 측 말씀하세요.

🧑 힘조아 씨를 증인으로 채택합니다.

팔뚝이 굵어 보이고 덩치가 큰 30대 여자가 증인석에 앉았다.

증인의 직업은 뭐죠?

제 직업이요? 목욕관리사죠. 음~ 뭐, 쉽게 말하면 때밀이라고 할 수 있죠.

그렇군요. 증인은 깔끔해 씨와 나급해 씨가 싸우던 날 욕탕에 있었죠?

당연하죠. 그때 직업에 충실하고자 열심히 때를 밀었죠. 암, 그랬죠.

그때 상황을 그대로 말씀해 주세요.

그때 상황이요? 깔끔해 씨는 탕 바로 옆에 앉아 때를 밀고 있었어요. 갑자기 나급해 아줌마가 탕 안에 뛰어들었고, 물이 세차게 밖으로 튀어 깔끔해 씨의 얼굴에 뿌려졌어요. 그리고는 두 사람이 싸우더군요.

좋습니다. 그때 탕에 물이 가득 차 있었나요?

당연하죠. 저희 목욕탕은 탕에 물이 가득 차지 않으면 자동으로 물이 나와 탕 안의 물을 항상 가득 채웁니다. 그러니 그때도 물은 가득 차 있었지요.

고맙습니다. 물치 변호사님, 아까 사용하신 골프공과 컵을 좀 빌려 주세요.


영문을 모르는 물치 변호사는 컵과 골프공을 피즈 검사에게 건네주었다. 피즈 검사는 골프공을 줄로 묶어 물이 가득 찬

컵에 천천히 빠뜨렸다. 물이 밖으로 넘쳐흘렀지만 골프공을 던졌을 때보다는 아주 조금씩 물이 밖으로 넘쳐흘렀다.

가득 찬 물에 물체를 천천히 집어넣으면 물에 잠긴 부분의 부피만큼의 물만 밖으로 흘러 나가게 됩니다. 따라서 물체를 천천히 집어넣으면 갑자기 물체를 집어넣을 때보다는 물이 천천히 밖으로 흘러나오게 되는 것이죠. 당시 나급해 씨는 너무 빠르게 탕 속으로 뛰어들었고, 그 부피에 해당하는 물이 순간적으로 밖으로 넘쳐 깔끔해 씨의 얼굴로 튀었습니다. 만일 나급해 씨가 발부터 천천히 탕 속으로 들어갔다면 갑자기 많은 양의 물이 밖으로 넘치는 일은 없었을 것입니다.

따라서 주위 사람의 입장을 생각하지 않고 성급하게 탕 속에 들어간 나급해 씨에게 책임이 있다고 봅니다. 나급해 씨는 급하게 탕에 들어가 물이 튀게 한 점에 대해 깔끔해 씨에게 사과해야 할 것입니다.

판결하겠습니다. 물이 가득 담긴 욕조에 물체가 들어가면 물속에 잠긴 물체의 부피만큼 물이 넘쳐흐른다는 것은 아르키메데스의 원리입니다. 나급해 씨가 빨리 들어가든 천천히 들어가든 나급해 씨의 부피만큼 물이 밖으로 넘쳐흐릅니다. 하지만 나급해 씨가 자신의 몸 전체를 다이빙해 물속에 넣어 순간적으로 많은 양의 물이 밖으로 넘치게 한 점은 주위 사람들을 배려하지 않은 행위입니다. 나급해 씨는 깔끔해 씨에게 정식으로 사과하고, 일주일 이내에 두 사람은 목욕탕에서 서로 등을 밀어주는 것으로 이 사건을 마무리하겠습니다.

판결이 끝나고 나급해는 깔끔해에게 사과했고, 깔끔해도 나급해에게 성질을 부린 것을 사과했다. 며칠 후 두 사람은 목욕탕에서 사이좋게 지냈다. 두 사람은 아주 천천히 욕조에 들어가서 탕욕을 즐기고, 서로의 등을 밀어주면서 친한 사이로 발전했다.

### 내가 진짜 홈런왕

높이에 따라 공기의 저항이
달라질 수 있을까

**사건 속으로**

가장 물리학적인 운동은 무엇일까? 과학공화국 사람들에게
물어보자. 당연히 야구라고 답할 것이다.

'투수가 던지는 커브 볼의 원리는 베르누이의 원리이고, 배
트에 맞은 공이 얼마나 멀리 날아가는가 하는 문제는 중력장
속에서 어떤 속력으로 비스듬하게 날아간 물체의 수평 도달
거리의 문제이다.'

이렇게 야구장의 구석구석에는 물리학이 숨어 있다. 따라서
야구는 물리를 좋아하는 과학공화국 사람들이 가장 좋아하

는 운동으로 손색이 없었다.

몇 년 전부터 과학공화국에는 프로야구가 시작되어 각 도시를 대표하는 팀들이 있었다. 과학공화국의 남부 노파스 산맥의 고원에 자리 잡은 헤이트 시티에는, 헤이트 오리온스라는 야구 팀이 있었다. 헤이트 오리온스는 최근 여러 해 연속으로 홈런왕이 된 한홈런 선수를 배출한 야구팀이었다.

헤이트 오리온스의 홈구장은 해발 2,000미터에 위치하여 세계에서 가장 높은 구장이었다. 프로 리그는 홈 경기와 원 정경기로 나뉘어 경기를 진행했는데, 홈구장에서 전체 경기의 절반을 진행하게 되어 있었다.

그런데 헤이트 팀의 한홈런 선수와 매년 홈런왕 자리를 치열하게 다투지만 2등밖에 못하는 나노 자이언츠 팀의 나두쳐 선수는 늘 불만이었다. 나두쳐는 한홈런의 홈런이 헤이트 팀의 홈구장과 관련 있다고 생각했다. 나두쳐는 한홈런의 홈런왕 무효 소송을 냈다.

그리고 이 사건은 물리법정으로 넘겨졌다.

높이에 따라 공기의 저항은 달라집니다.
공기의 저항에 의해 물체의 비행이 어떻게 달라지는지 알아봅시다.

나두쳐 선수가 좀 억울하겠네요. 한홈런 선수의 홈구장에서 홈런이 많이 나오니까요. 물리법정에서 공기의 저항에 대해 알아봅시다.

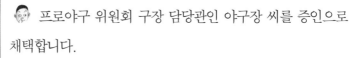 재판에 들어가겠습니다. 피고 측 말씀하세요.

프로야구 위원회 구장 담당관인 야구장 씨를 증인으로 채택합니다.

물치 변호사

재킷에 면바지를 입은 사내가 증인석에 앉았다.

피즈 검사

증인은 프로 리그 전 구단의 야구장에 대한 관리 감독을 맡고 계시죠?

네.

현재 야구장이 몇 개가 있습니까?

8개 팀이 있으니까 8개의 홈구장이 있죠.

그럼 경기는 홈 경기와 원정 경기로 진행되겠군요?

네, 절반은 원정 경기, 절반은 홈 경기입니다.

최근에 나노 팀의 나두쳐 씨가 낸 소송에 대해서 어떻게 생각하십니까?

아무 근거가 없다고 생각합니다.

8개 구장의 펜스 거리가 서로 다릅니까?

몇 년 전에는 그랬죠. 하지만 펜스 거리가 짧은 구장을 홈구장으로 가진 팀에서 홈런왕이 많이 나오자 공정함을 확보하기 위해, 모든 구장의 펜스 거리를 같게 했습니다.

그렇습니다. 야구공이 펜스를 넘어가면 홈런입니다. 홈런은 배트에 맞고 튀어 나가는 야구공의 속력과 야구공이 날아가는 각도에 의해 결정이 되죠. 따라서 펜스 거리가 같다면 물리학적으로 모든 선수에게 공평합니다. 나두쳐 씨의 고소에는 근거가 없습니다.

원고 측 말씀하세요.

이공기 박사를 증인으로 요청합니다.

옷을 멀쑥하게 차려입은 50대의 이공기가 증인석에 앉았다.

증인에 대한 소개를 하시기 바랍니다.

저는 공기 저항 연구소 소장인 이공기입니다.

공기 저항 연구소에서는 구체적으로 무슨 일을 하죠?

이름 그대로입니다. 공기의 저항을 측정하고 분석하는 곳이죠.

저항이라면 나쁜 뜻이군요.

그렇죠. 물체가 공중을 날아갈 때 공기가 방해를 하는 게 공기의 저항이죠.

이공기는 종이 한 장을 판사를 향해 내던졌다. 판사가 깜짝 놀랐다.

🗨️ 증인! 뭐 하시는 겁니까? 법정 모독이에요.

🗨️ 종이를 던지면 멀리 날아가지도 못할 뿐만 아니라 금방 속력이 느려집니다. 공기의 저항을 많이 받기 때문이죠. 만일 공기가 없는 달에서 종이를 던진다면 종이가 돌멩이처럼 날아갈 겁니다.

🗨️ 증인, 앞으로는 실험을 하기 전에 말하고 하세요.

🗨️ 죄송합니다.

🗨️ 그럼 공기의 저항이 홈런에 영향을 줄 수 있습니까?

🗨️ 물론입니다. 저항을 많이 받으면 야구공이 멀리 못 뻗으니까 홈런보다는 외야수 플라이가 많죠.

🗨️ 그렇겠군요. 그럼 본론으로 들어가겠습니다. 증인은 야구를 좋아하십니까?

🗨️ 야구를 싫어하는 사람이 있습니까? 저도 과학공화국 국민입니다.

🗨️ 나노의 구장은 평지에 있고 헤이트의 구장은 해발 2,000미터의 고원에 있습니다. 그럼 홈런이 나오기 위한 조건이 같은가요?

🗨️ 그렇지 않습니다. 같은 상황이라면 헤이트 구장에서 홈

런이 많이 나올 것입니다.

그건 왜 그렇죠?

물체가 똑같은 속력과 각도로 날아가더라도 공기의 저항에 따라 날아간 거리가 달라지죠. 공기의 저항을 작게 받을수록 더 멀리 날아가죠. 그런데 높은 곳은 낮은 곳에 비해 공기가 희박하거든요. 높은 곳은 공기의 저항이 작을 수밖에 없죠.

바로 그거였군요. 존경하는 재판장님, 헤이트 구장은 다른 구장에 비해 높은 곳에 있어서 공기가 희박합니다. 따라서 공기의 저항이 다른 구장에 비해 덜해서 홈런이 많이 나옵니다. 만일 모든 구단이 전체 경기의 절반을 헤이트 구장에서 한다면 모르지만 지금처럼 헤이트 팀에게만 유리하다면 공평하지 않습니다. 헤이트 팀의 타자들이 다른 구단의 선수들보다 더 많은 홈런을 기록하게 될 것입니다.

따라서 공기 저항이 큰 구장을 사용하여 항상 홈런 2인자로만 지내야 하는 나두쳐 씨의 주장에는 충분한 이유가 있습니다.

과학공화국 국민이 가장 좋아하는 스포츠인 야구의 세계를 법정에서 논한다는 것은 판사인 저로서도 힘든 일입니다. 하지만 물리법정은 물리학적으로 공평한 사회를 만드는 것을 목표로 하고 있습니다. 따라서 스포츠도 물리학적으로 공평해야 합니다. 야구뿐만 아니라 모든 분야에서 1등과 2등은 아주 큰 차이가 있습니다. 사람들은 1등에게 모든 눈이 쏠리는 사이 2등의 이름은 잊어 버리기 때문입니다.

물리학적으로 정직하게 1등을 결정해야 물리 정의 사회를 추구하는 과학공화국의 이상과도 일치할 수 있을 것입니다. 헤이트 구장은 다른 구장보다 공기 저항이 적어 한홈런 씨의 홈런 기록은 정당하지 않기에, 물리학적으로 충분히 이유가 있다고 생각합니다. 따라서 다음과 같이 판결합니다. 헤이트 팀은 공기 저항 연구소의 자문을 받아 다른 구장보다 펜스의 길이를 높게 할 것을 권합니다.

헤이트 구장의 펜스 길이가 길어지고 새 시즌이 시작되었다. 한홈런의 홈런성 타구는 번번이 펜스 근처에서 외야수에게 붙잡히거나 펜스에 맞아 2루타가 되었다. 한홈런의 홈런 수는 전년에 비해 현저하게 줄어든 반면, 나두쳐는 전년과 비슷한 홈런 수를 기록했다. 결국 만년 2등이었던 나두쳐가 처음으로 홈런왕이 되었다.

# 하이힐의 추억

### 하이힐이 치명적인 흉기가
### 될 수 있을까

사건
속으로

발가락 씨는 사이언스 시티 시청의 공무원이다. 그는 평소 발가락이 자주 아파 구두를 신지 못해 운동화를 신고 다녔다. 말단 공무원인 발가락은 매일 지하철을 이용해 출근했다. 매일 똑같은 시간에 출근하는 발가락은 매번 사람들로 붐비는 전철에서 고생했다.

그날도 발가락이 탄 전철은 발 디딜 틈도 없이 사람들로 가득 찼다. 전철 문이 열리자 밀려 들어오는 사람들과 내리려는 사람들로 전쟁터가 되었다. 하지만 발가락은 이런 일을 매일 겪어서 대수롭지 않게 여겼다.

다음 종착역이 시청임을 알리는 안내 방송 소리가 들렸고 발가락은 서둘러 문 앞으로 나섰다.

바로 그때 끝이 뾰족한 하이힐을 신은 멋부려 양이 사람들을 밀치고 있었다. 멋부려는 전철 문이 닫히기 전에 재빨리 내리려고 서두르다가 그만 하이힐의 뒤꿈치로 발가락의 발을 밟고 말았다. 발가락은 두 손으로 발을 움켜쥐고 짜증스럽게 말했다.

"아이고, 내 발⋯ 아가씨, 하이힐로 발을 밟으면 어떡해요?"

"죄송해요. 전철이 덜컹거리는 바람에⋯."

"사람이 많이 타는 전철에서 하이힐을 신고 다니면 어떡해요?"

"왜 하필 하이힐 가지고 시비예요? 하이힐을 신고 안 신고는 내 자유예요. 아저씨가 왜 참견이에요?"

두 사람의 언성이 점점 높아졌다.

"하이힐 굽이 뾰족하니까 위험하단 말이야."

"제가 뾰족하게 만들었어요? 그럼 정장 치마에 운동화를 신으란 말이에요?"

논쟁은 더 이상 진행되지 않았다. 발가락의 발이 많이 부어 있어 시간을 끌 수 없는 상황이었다. 발가락은 응급실로 실려 갔고, 왼쪽 가운데 발가락뼈에 금이 갔다는 진단을 받았다. 이에

압력은 힘이 작용하는 면적에 따라 달라집니다.
힘을 가하는 면적이 작을수록 압력이 커집니다.

흥분한 발가락은 하이힐로 자신의 발가락뼈를 금가게 한 멋부려와 하이힐을 발명한 힐탑 씨를 물리법정에 고소했다.

여기는
물리법정

하이힐에 밟혀 본 적 있나요? 밟히면 정말 아프죠? 그럼 하이힐에 밟힌 발가락 씨는 보상받을 수 있을까요? 물리법정에서 물체의 모양에 따른 압력에 대해 알아봅시다.

물리짱 판사

물치 변호사

피즈 검사

재판을 시작합니다. 피고 측 말씀하세요.

하이힐은 직장 여성이 깔끔한 정장 차림으로 출근할 때 필수적인 신발입니다. 많은 여성들이 신고 다니는 신발이죠. 만원의 전철에서 갑자기 전철이 덜컹거린다면 다른 사람의 발을 밟을 수도 있습니다. 네, 흔히 일어날 수 있는 일입니다. 멋부려 씨는 그 점에 대해 발가락 씨에게 사과를 했지만 발가락 씨는 사과를 받아주기보다는 하이힐을 신은 것에 대해 시비를 걸었습니다.

피할 수 없는 상황에서 벌어진 사고이므로 멋부려 씨는 발가락 씨의 병원비를 지불할 의무가 없습니다.

원고 측 말씀하세요.

하이힐은 남성의 구두와는 달리 끝으로 갈수록 점점 뾰족해지는 모양을 하고 있습니다. 남성의 구두에 밟힐 때보다 하이힐의 굽에 밟힐 때 고통이 더 심하다는 것은 잘 알려져 있습니다. 이 점에 대해 압력에 대한 전문가인 김압력 씨를 증인으로 요청합니다.

김압력이 증인석에 앉았다.

하이힐을 신은 여성이 점프했다 떨어지면서 굽으로 남자의 발을 밟게 될 경우 어떻게 되겠습니까?

아, 그거요! 압력과 관계가 있겠군요.

압력이라고요? 그렇다면 김압력 씨, 압력에 대한 설명을 부탁합니다.

자, 압력은 힘이 작용하는 넓이로 나눈 값입니다. 같은 힘이 작용한다 해도 작용하는 넓이가 다르면 압력이 달라지죠.

힘이 작용하는 부분이 넓으면 압력이 작겠군요.

물론입니다. 같은 힘을 받아도 압력이 크다면 우리는 더 큰 통증을 느끼게 됩니다.

김압력은 주머니에서 바늘을 꺼내 바늘의 긴 부분으로 피즈 검사의 손을 눌렀다.

어때요, 아프십니까? 검사님!

🧑 하나도 안 아픈데요.

👴 그럴 겁니다. 바늘 옆으로 누르면 아무도 아픔을 느끼지 않습니다. 힘이 작용하는 부분이 넓어져서 압력이 작기 때문이죠.

김압력은 바늘의 뾰족한 부분으로 피즈 검사를 찔렀다. 피즈 검사는 '아야' 소리를 지르며 뒤로 물러섰다.

🧑 왜 그러세요?

👴 압력의 차이를 보여주려는 겁니다. 같은 힘이라도 바늘의 뾰족한 부분으로 누르면 힘이 작용하는 부분의 넓이가 작아져 압력이 매우 커지게 됩니다. 그래서 더 큰 통증을 느끼게 되는 거죠.

👩 그렇다면 하이힐도 끝이 뾰족하니까 하이힐의 굽으로 발가락 씨의 발을 누르면 큰 압력이 작용하겠군요?

👴 물론입니다. 하이힐은 걸어 다니는 흉기입니다. 오죽하면 여자들이 치한을 만날 때 하이힐을 벗어 자신을 보호하는 무기로 쓰겠습니까? 단단하고 뾰족한 하이힐의 굽으로 잘못 맞으면 크게 다칠 수 있으니 조심해야 합니다.

👩 그렇습니다. 하이힐은 굽 끝 부분의 넓이가 작아서 누군가의 발을 밟게 되면 큰 압력을 주게 됩니다. 밟힌 부분은

큰 충격을 받아 매우 고통스럽겠죠. 그러므로 이번 사건처럼 얇은 천으로 된 운동화를 신은 발가락 씨의 발을 하이힐로 밟아 부상을 입혔다면 문제가 됩니다. 고의가 아니었다고 하더라도 과실에 의한 상해 행위에 적용됩니다.

결국 원고의 부상이 심한 이유는 멋부려 씨가 큰 압력을 주는 하이힐을 신었기 때문입니다. 따라서 멋부려 씨가 발가락 군의 병원비 일체를 보상할 것을 요청합니다.

판결하겠습니다. 이번 사건은 만원의 전철에서 흔하게 일어날 수 있는 일입니다. 하지만 상대방에게 피해를 입히지 않으려는 의지는 함께 살아가는 세상에서 중요할 것입니다. 이번 사건으로 인해 멋부려 씨는 만원 전철에서 누군가를 하이힐로 밟으면 피해를 입힐 수 있다는 경험을 했습니다. 그리고 자신의 하이힐에 다른 사람의 발이 밟히면 얼마나 아플까 하는 고민을 해야 할 것입니다.

만원 지하철에서 하이힐을 신고 다니는 것만으로도 다른 사람에게 피해를 입힐 수 있습니다. 발가락 씨의 발 부상에 대해 멋부려 씨에게 책임이 없다고 할 수는 없을 것입니다. 그리고 하이힐을 발명한 사람에게도 잘못이 있습니다. 상대방에게 큰 압력을 주어 다치게 할 수 있는 일을 방치한 하이힐의 발명가인 힐탑 씨에게도 책임이 있다고 여겨집니다.

따라서 하이힐을 발명한 힐탑 씨가 발가락 씨의 병원비를 책임지고, 멋부려 씨는 하루에 한 번 발가락 씨의 병실에 가서 한 시간 동안 재미있는 이야기를 들려줄 것을 선고합니다.

재판이 끝나고 멋부려는 발가락이 입원한 병원을 매일 찾았다. 그리고 재미있는 이야기를 들려주었다. 그것을 인연으로 두 사람은 자연스럽게 연인 사이로 발전하였다. 발가락이 병원을 퇴원하고 얼마 지나지 않아, 두 사람은 서로에게 검은 머리가 파뿌리가 될 때까지 사랑하리라 맹세하게 되었다.

# 아르키메데스의 유레카

유레카! 그게 무슨 말이냐고요? 벌거벗은 과학자가 뭔가를 발견했을 때 한 말이었어요.

아주 옛날 그리스에는 아르키메데스라는 위대한 과학자가 있었습니다. 그리스의 히에론 왕은 세공장이로 하여금 신전에 바칠 순금 왕관을 만들게 했는데요. 그런데 이 세공장이에 대한 소문이 좋지 않았어요. 그가 금 대신 은을 섞어서 왕관을 만들었다는 소문이 파다했거든요. 어떻게 하면 왕관이 순금인지 알 수 있을까 왕은 고민했습니다. 이때 이 문제를 해결한 사람이 바로 아르키메데스였습니다.

● 아르키메데스의 원리

**물속에 잠긴 물체의 부피만큼 물이 넘쳐흐른다**

아하! 그럼 부피가 큰 것을 물속에 넣으면 물이 더 많이 넘치겠군요. 물론이에요. 목욕탕 속에 어린 아이가 들어갔을 때보다 뚱보 아줌마가 들어갔을 때 더 많은 물이 넘칩니다.

다시 옛날 얘기로 돌아가 볼까요? 아르키메데스는 어떻게 은이 섞여 있는지 알았을까요? 그것을 이해하기 위해서는 밀도를 알아야 합니다. 밀도는 질량을 부피로 나눈 값입니다. 왜 어렵게 시리 밀도를 따지냐고요? 밀도는 아주 중요하답니다. 물질의 무겁고 가벼운 정도를 나타내는 양이기 때문입니다.

음 이상하다고요? 물질의 무겁고 가벼운 정도를 나타내는 것이 질량이나 무게라고 알고 있다고요? 정말 그럴까요? 솜과 쇠 중 어느 것이 무겁지요? 당연히 쇠가 무겁겠죠. 하지만 솜을 엄청나게 많이 모아 솜 10kg을 만들고 쇠는 1kg만큼만 모았다고 해봅시다. 질량만 따지자면 솜의 질량이 쇠의 질량보다 큽니다.

그럼 솜이 쇠보다 더 무거운 걸까요? 그럴 리 없습니다. 이것은 공평한 비교가 아니기 때문이에요. 솜 10kg의 부피는 어마어마하게 클 것입니다. 하지만 쇠 1kg의 부피는 그에 비해 훨씬 작을 거예요. 그러므로 공평한 비교를 하기 위해서는 솜과 쇠를 같은 부피로 만들어 그 질량을 재야만 하죠. 이렇게 같은 부피의 질량을 비교하는 양이 밀도입니다.

밀도는 한 변의 길이가 1cm인 정육면체의 부피에 대한 질량입니다. 그러니까 부피가 4cm³이고 질량이 40kg이면 이 물체의 밀도는 $\frac{40}{4}$=10(g/cm³)입니다. 따라서 같은 부피의 질량을 비교하면 쇠가 무거우므로 쇠의 밀도가 솜의 밀도보다 큽니다. 그러니까 쇠가 솜보다 무거운 물질이죠.

자! 그럼 아르키메데스가 은을 섞은 왕관을 어떻게 찾았는지 알아볼까요? 먼저 은을 섞은 왕관과 같은 질량의 금 덩어리를 준비합니다. 그리고 왕관과 금 덩어리를 물에 넣어 보세요. 만일 왕관이 순금으로 만들어졌다면 넘친 물의 양이 같을 거예요.

유레카!
부피가 클수록
물이 더 많이
넘친다!!

아르키메데스는 가짜 금관인지 어떻게 알았을까요?
바로 밀도의 차이를 이용한 것입니다.

하지만 아르키메데스가 왕관을 넣자, 금 덩어리를 넣었을 때보다 물이 더 많이 넘쳤습니다. 그러니까 왕관의 부피가 금 덩어리의 부피보다 큰 거로군요. 왕관 속에는 금보다 밀도가 작은 물질이 들어 있던 거고요. 음, 세공장이는 금보다 밀도가 작은 은을 넣어 만든 게 틀림없군요!

# 제3장

# 마찰와 탄성의 힘은 왜 필요할까

물체의 열에너지를 발생시키는 마찰_엉덩이가 보여요
물 미끄럼틀을 타다 수영복에 구멍이 나면 보상받을 수 있나요

우리 생활에 필요한 마찰의 원리_슬리퍼를 부탁해
학부형이 학교에서 미끄러져 다치면 보상받을 수 있을까

탄성의 성질을 이용한 저울_뱃살을 휘날리며
헬스클럽 고객이 체중계에 올라가 고장 났다면 보상해야 하나

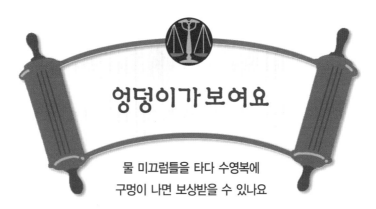

# 엉덩이가 보여요

물 미끄럼틀을 타다 수영복에
구멍이 나면 보상받을 수 있나요

<table>
<tr><td>사건<br>속으로</td><td>

한엉큼 양이 다니는 출판사 기획실에는 한엉큼을 포함해 7명의 직원이 근무하고 있었다. 외모도 그런 대로 빼어나고 애교까지 넘치는 한엉큼, 남자 직원들 사이에서 한엉큼은 홍일점이었다.

햇볕이 따가운 여름날, 기획실장이 기획실 직원 단합을 위해 야외 수영장에 가자고 제안했다. 더위에 지쳐 있던 그들은 만장일치로 찬성하였다.

다음날 기획실 직원들은 야외 수영장에 갔다. 며칠 째 더위

</td></tr>
</table>

가 기승을 부려서 수영장에는 많은 사람들이 몰려들었다. 기획실 직원들도 수영복으로 갈아입고 수영할 준비를 하였다. 한엉큼이 탈의실에서 나오자 기획실 직원들은 늘씬한 그녀의 몸매에 시선을 떼지 못했다.

한엉큼은 동료들과 수영을 즐기다가 물 미끄럼틀을 발견했다. 놀기 좋아하는 한엉큼이 어찌 물 미끄럼틀을 지나칠 수 있을까! 그런데 이상하게도 물 미끄럼틀을 아무도 타고 있지 않았다. 하지만 한엉큼은 아랑곳하지 않고 혼자서 물 미끄럼틀을 탔다.

그런데 미끄럼틀이 좀 이상했다. 평소와는 달리 미끄럼틀에 물이 말라 있었다. 왜 그럴까? 미끄럼틀에 물을 흘려보내는 장치가 고장이 난 것이었다. 그러나 한엉큼은 사용 금지 표지판을 못 보고 말았다.

미끄럼틀을 타고 내려오던 한엉큼은 엉덩이가 몹시 뜨거워지는 느낌을 받았다. 그러나 동료들 앞에서 멋진 몸매를 뽐내며 신나게 놀 생각에 엉덩이는 하나도 뜨겁지 않았다.

그러나 사람들이 자신의 엉덩이를 쳐다보며 수군거리는 것을 무시할 수는 없었다. 그녀는 뭔가 이상하다는 것을 느끼고 화장실에서 자신의 수영복을 확인하였다.

그러자 수영복에 커다란 구멍이 난 것을 알았다. 한엉큼은 얼굴이 빨개졌고 화장실 밖으로 나갈 엄두가 나지 않았다.

마찰은 물체의 에너지를 열에너지로 바꿉니다.
마찰로 인해 일어날 수 있는 사고들을 알아봅시다.

한엉큼은 사람들 앞에서 망신을 당하게 한 수영장을 상대로 손해 배상을 청구했다.

여기는
물리법정

저런 수영복에 구멍이 심하게 났군요. 그렇다면 수영복에 구멍이 난 것은 누구의 책임일까요? 물리법정에서 마찰열에 대해 알아봅시다.

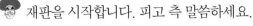

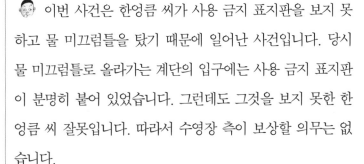

재판을 시작합니다. 피고 측 말씀하세요.

이번 사건은 한엉큼 씨가 사용 금지 표지판을 보지 못하고 물 미끄럼틀을 탔기 때문에 일어난 사건입니다. 당시 물 미끄럼틀로 올라가는 계단의 입구에는 사용 금지 표지판이 분명히 붙어 있었습니다. 그런데도 그것을 보지 못한 한엉큼 씨 잘못입니다. 따라서 수영장 측이 보상할 의무는 없습니다.

다음 원고 측 말씀하세요.

이번 사건은 마찰 때문에 일어난 사건이라고 생각합니다. 그래서 마찰에 대한 전문가인 김마찰 씨를 증인으로 요청합니다.

김마찰 씨가 발을 찍찍 끌면서 걸어 나와 증인석에 앉았다.

증인은 마찰 전문가입니다. 전문가의 입장에서 볼 때 이번 사건과 같이 물 미끄럼틀에 물이 안 흐르면 수영복에 구멍이 생길 수 있습니까?

가능한 일이죠. 할아버지의 연구를 이어받아 3대 째 이 분야에 대해 연구를 해오고 있는데, 저의 연구 결과로 볼 때, 이것은 분명 가능한 일입니다.

어떻게 해서 구멍이 날 수 있죠?

마찰은 물체가 원래 가지고 있던 에너지의 일부를 열에 너지로 바꾸게 합니다. 즉, 마찰이 커지면 열에너지가 많이 발생하게 되죠. 이 열에너지에 의해 마찰을 많이 받은 부분이 타들어 가면 구멍이 날 수 있습니다. 마찰이 커지면 열이 발생하는 것은 흔히 볼 수 있습니다. 축구 선수들은 인조 잔디 구장에서 시합하는 것을 싫어합니다. 인조 잔디는 천연 잔디에 비해 마찰이 매우 큽니다. 축구 선수들이 슬라이딩을 할 때 열이 발생해서 화상을 입기 때문입니다.

그렇다면 물 미끄럼틀에서 물을 흘려보내는 건 마찰과 관계있습니까?

물 미끄럼틀에서 물은 수영복과 미끄럼틀 사이의 마찰을 적게 하는 역할을 합니다. 일반적으로 고체보다는 액체가 마찰이 작으니까요. 빗길에 자동차가 잘 미끄러지는 것도 빗물 때문에 타이어와 지면 사이의 마찰이 작아지기 때문이죠.

그림 물 미끄럼틀에 물이 흐르지 않으면 수영복에 구멍이 날 가능성이 높아지겠군요?

물이 흐른다 해도 오래된 수영복을 꽉 끼게 입고 물 미끄럼틀을 여러 번 탈 경우 구멍이 생길 수도 있습니다. 차를 오래 타면 타이어가 닳아서 새 타이어로 교체해야 하듯이, 미끄럼틀을 많이 타면 수영복을 교체할 필요가 있죠.

존경하는 재판장님, 한엉큼 씨가 그날 입은 수영복은 새로 구입해 처음 입은 수영복입니다. 여러 번 미끄럼틀을 타서 마모된 수영복이 아닙니다. 따라서 미끄럼틀을 타서 수영복에 구멍이 난 것은, 전적으로 물 미끄럼틀에 물이 흐르지 않아서 수영복과 미끄럼틀 사이의 마찰이 커졌기 때문입니다.

또한 물치 변호사는 물 미끄럼틀 입구에 사용 금지 표지판을 달았다는 점을 강조하지만, 제가 사건 현장에 가 본 결과 표지판의 크기도 작고 계단의 오른쪽에 치우쳐 걸려 있었기 때문에 표지판을 발견하기 어려웠습니다. 그러므로 이번 사건의 책임은 전적으로 야외 수영장 측에 있습니다.

판결합니다. 물 미끄럼틀은 사용자가 마찰로 발생하는 열에 의해 피해를 입지 않도록 적정한 물을 계속 흘려보낼 필요가 있습니다. 사건 당시 물 미끄럼틀에는 물이 흐르지 않아 사용을 금지시켰습니다. 하지만 조그만 사용 금지 표지판 하나에만 의존한 것이 문제입니다. 계단 입구를 막거나 안전 요원이 입장을 막지 않았습니다. 수영장 측은 물 미끄럼틀에 물이 흐르지 않을 때, 마찰에 의해 생길 수 있는 피해의 심각성을 무시했다고 여겨집니다.

다행히 이번의 경우 수영복에만 구멍이 났지만 만일 수영복이 오래된 것이었다면 엉덩이에 화상을 입을 수도 있습니다. 마찰이 인간의 신체에 미치는 위험을 물리학적으로 고민하지 못한 채 물 미끄럼틀을 관리한 야외 수영장이 책임을 면하기 어렵다고 봅니다. 따라서 야외 수영장 측은 한엉큼 씨에게 새 수영복을 사주고 평생 무료 입장권을 제공할 것을 판결합니다.

한엉큼은 망신의 대가로 야외 수영장의 평생 무료 입장권을 얻었다. 그리고 주말마다 수영장을 이용할 수 있었다. 그런데 그녀에게는 새로운 습관이 생겼다. 물 미끄럼틀을 타기 전에 물이 흐르는지를 꼭 확인하게 된 것이다.

슬리퍼를 부탁해

학부형이 학교에서 미끄러져 다치면
보상받을 수 있을까

**사건
속으로**

컴퓨터 프로그래머인 이휘청 씨는 다리가 가늘고 상체가 커
서 불안하게 걷는다.

이휘청은 항상 컴퓨터 앞에 앉아서 작업을 하고 음식은 배달
시켜 먹으며, 운동이라고는 전혀 하지 않는 전형적인 현대인
이었다.

이휘청이 일에 열중하고 있을 때 아들의 담임 선생님으로부
터 전화가 걸려 왔다.

"저는 이다리 군의 담임입니다."

"네 무슨 일입니까?"

"이다리 군이 아이들에게 따돌림을 당하고 있어요. 그래서 아버님과 상담을 하고 싶은데요."

"우리 아들이 왕따를 당하고 있다고요? 당장 가겠습니다!"

이휘청은 아들이 다른 아이들에게 따돌림을 당하고 있다는 소리에 놀라 허겁지겁 학교로 갔다. 그날따라 비까지 내려 그의 마음은 더욱 심란했다. 비가 너무 많이 와서 학교 운동장까지 진흙탕이었다.

이휘청의 구두는 진흙이 묻어 지저분했다. 실내화로 갈아 신고 들어가야 하는데 건물 현관에는 실내화가 없었다. 주위를 둘러보니 '외부인들은 신발을 비닐로 감싸고 들어오세요.'라는 문구 옆에 비닐이 놓여 있었다.

이휘청은 흙탕물에 젖은 구두를 검은 비닐로 감싸서 묶었다. 그런데 비닐로 감쌌기 때문에 미끄러워서 제대로 걸을 수가 없었다.

교무실은 3층에 위치해 있어 계단을 올라가야만 했다. 계단은 학생들이 물청소를 해서 군데군데 물이 고여 있었다. 그런데 바로 그 물이 화근이었다. 이휘청이 고여 있는 물을 밟는 순간 계단 아래로 미끄러져 구르고 말았다. 결국 119 응급차가 달려와 이휘청은 병원에 입원하게 되었다.

이휘청은 사고가 난 원인이 비닐로 구두를 감쌌기 때문이라

마찰은 물체가 미끄러지는 것을 막아 줍니다.
우리 생활에 필요한 마찰의 원리를 알아봅시다.

고 여겼다.

이휘청은 학교를 물리법정에 고소했다.

**여기는
물리법정**

학부형이 학교에서 미끄러져 다쳤군요. 물리법정에서 우리 생활에
필요한 마찰에 대해 알아봅시다.

**물리짱 판사**

**물치 변호사**

**피즈 검사**

재판을 시작하겠습니다. 피고 측 말씀하세요.

최근 초등학교에서는 실내에 들어갈 때 실내화를 신고
들어갑니다. 아이들에게 쾌적한 환경을 제공하기 위해서입
니다. 사고가 난 그날은 비가 많이 와서 학교 방문객의 신발
이 지저분한 상태였습니다. 신발의 흙이 복도를 더럽히는 것
을 막기 위해 신발을 비닐로 감싸게 한 학교 측의 입장은 정
당했다고 봅니다.

사고의 원인은 물기 때문에 미끄러운 계단을 올라갈 때 주의
하지 않은 이휘청 씨에게 있다고 생각합니다. 따라서 미끌미
끌 초등학교는 사고의 원인을 제공하지 않았습니다.

원고 측 말씀하세요.

네, 저희 측에서는 마찰 전문가인 김마찰 씨를 증인으
로 요청합니다.

검은 비닐로 구두를 감싼 김마찰이 위태롭게 걸어왔다.

증인이 직접 구두를 검은 비닐로 감싸고 나왔군요.

네, 우리가 걸어가면서 잘 안 넘어지는 것은 신발과 바닥 사이의 적당한 마찰 때문입니다. 신발 밑을 보면 홈이 파여 있는데, 마찰을 크게 해서 잘 미끄러지지 않게 하기 위해서죠. 하지만 비닐로 신을 싸면 신발이 아니라 비닐이 바닥과 만나게 됩니다. 비닐은 매끄럽기 때문에 구두 밑창에 비해 마찰이 아주 작지요. 그래서 쉽게 미끄러질 수 있습니다.

그럼 마찰이 작아져서 이휘청 씨가 미끄러진 것으로 볼 수 있겠군요?

그렇죠, 마찰이 작아지면 계단을 오르내리다가 미끄러지기 쉽습니다. 이것은 너무 오랫동안 타이어를 교체하지 않았을 때 타이어의 홈이 없어져 브레이크를 잡아도 자동차가 미끄러지는 것과 같은 원리입니다. 그러므로 계단을 오르내릴 때는 적당한 마찰이 있어야만 안전하죠.

이 사건은 미끌미끌 초등학교가 방문객의 안전을 고려하지 않고 학교 바닥의 청결만 유지하려고 한 것에서 비롯되었습니다. 비닐로 신을 싸게 하는 것보다는 방문객들을 위해 실내화를 충분히 비치해 두었다면 이런 사고는 일어나지 않았을 것입니다. 따라서 미끌미끌 초등학교가 사고의 직접적인 원인을 제공했다고 여겨집니다. 이휘청 씨의 병원비 일체를 미끌미끌 초등학교가 부담해야 합니다.

판결합니다. 물론 더러운 신발을 신고 들어가서 복도가 지저분해지면 아이들이 쾌적한 환경에서 공부할 수 없습니다. 그래서 학교에서는 학생들과 선생님들이 실내화를 신습니다. 하지만 학부형을 학교 교실로 초대했을 때 학부형들의 안전을 생각해야 합니다.

마찰이란 나쁠 때도 있지만 좋은 역할을 할 때도 있습니다. 우리가 잘 안 넘어지고 걸어 다닐 수 있는 것은 마찰 때문입니다. 학부형들이 자주 학교에 오지 않는다고 학부형용 실내화까지 마련하는 데 드는 비용을 부담스러워 하면 안 되겠죠? 일회용 비닐로 신발을 감싸게 한 학교 측에 잘못이 있습니다. 학교 측은 마찰이 작을 때의 위험을 고려하지 않았으므로, 이휘청 씨의 병원비를 책임지라고 판결합니다.

다음날, 미끌미끌 초등학교의 교장이 이휘청 씨를 문병하고 병원비를 계산했다. 그리고 이번 사건 이후 미끌미끌 초등학교는 상당수의 슬리퍼를 현관에 마련해 놓았다. 물론 학부형들이 갈아 신을 슬리퍼였다.

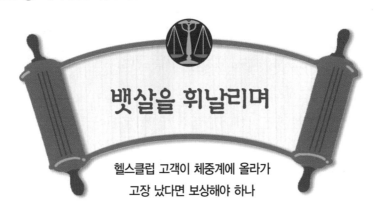

# 뱃살을 휘날리며

### 헬스클럽 고객이 체중계에 올라가
### 고장 났다면 보상해야 하나

**사건
속으로**

왕등치 씨는 몸무게가 170킬로그램인 거구이다. 평소 그의 생활은 운동과 담쌓은 지 오래고, 주체할 수 없는 음식 사랑에 폭식을 자주했다.

상황이 이러하니, 더 이상 지켜볼 수 없어 그에게 바가지를 긁는 사람이 있었다. 다름 아닌 그의 아내 날씬해였다. 일요일인 오늘도 아침밥을 3인분이나 먹고 드러누워 텔레비전을 보고 있는 왕등치에게 아내가 쏘아붙였다.

"좀 나가서 산책이라도 해요."

"귀찮아."

"그러니까 점점 땅 넓은 줄만 알지. 아유 내 팔자야. 내가 사람하고 사는 건지 돼지하고 사는 건지…."

"엥? 돼지…."

돼지는 왕등치가 가장 듣기 싫어하는 단어였다.

"좋아 살 빼면 되잖아. 뺀다고! 나도 한다면 해! 못할 것 같아? 흥!!"

왕등치는 분을 이기지 못하고 집을 뛰쳐나왔다. 그러나 갈 곳도 마땅치 않고 해서 집 주위를 어슬렁거리며 돌아다녔다. 그때 왕등치 눈앞에 보인 것이 헬스클럽 간판이었다. 다이어트를 결심한 지금 뭔가를 당장 시작해야만 했다. 그래서 눈앞에 보이는 살빼요 헬스클럽으로 들어갔다.

"어이쿠, 손님. 오래 운동하셔야겠네요. 살이 빠지는 것뿐만 아니라 건강도 눈에 띄게 좋아질 겁니다."

헬스클럽 주인인 한날씬 씨가 그를 반겼다. 한날씬의 몸매와 자신의 몸매가 비교가 되자 마음 같아서는 뒤돌아 나오고 싶었다. 그러나 자신의 결심을 아내에게 보여 주고자 바로 헬스클럽에 등록했다. 간편한 복장으로 갈아입고 준비 운동을 한 뒤 러닝 머신에서 뛰고 또 뛰었다. 땀이 비 오듯 쏟아졌다.

하지만 살을 빼려는 왕등치의 투혼을 땀 따위가 막을 수는 없었다. 한참을 뛰었나? 왕등치는 자신의 체중이 얼마나 줄어들었는지 확인하고 싶어졌다. 그는 아무도 몰래 헬스클럽 구석에 있는 저울 위로 올라갔다. 순간 저울의 눈금이 한 바퀴를 돌았고, 그 순간 저울이 고장 났다.

때마침 한날씬 사장이 그가 저울을 고장 내는 장면을 목격하였다.

"보아하니 200킬로그램 가까이 되어 보이는데 올라타면 어떡해요?

"그래도 100킬로그램이 넘는 사람은 올라타지 말라는 말은 안 써 있잖아요?"

"저울을 봐요. 저울 눈금이 100킬로그램까지 밖에 없잖아요. 그게 그 말이죠."

"누가 눈금을 보고 저울에 올라타나요?"

"아무튼 이 저울 고장 났으니까 물어내요."

"싫어요."

두 사람은 옥신각신하다가, 결국 물리법정까지 가게 되었다.

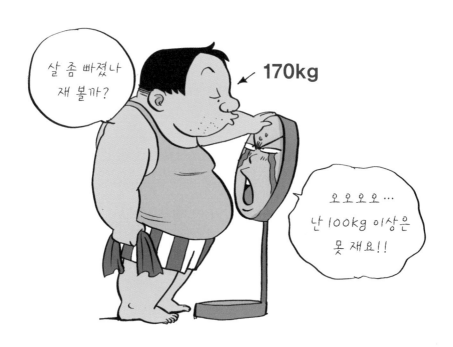

탄성은 모양이 변한 물체가 원래대로 돌아가려는 성질입니다.
우리 생활에 이용되는 탄성의 원리를 알아봅시다.

헬스클럽 고객이 체중계에 올라가 고장 났군요. 그렇다면 헬스클럽에 보상해야 할까요? 물리법정에서 탄성에 대해 알아봅시다.

재판을 시작합니다. 피고 측 말씀하세요.

왕등치 씨가 비록 170킬로그램의 거구이지만 헬스클럽의 회원이면 얼마든지 저울을 이용할 권리가 있습니다. 증인으로 김뚱순 아주머니를 요청합니다.

넉넉해 보이는 덩치를 가진 아주머니가 증인석에서 일어났다.

증인은 살빼요 헬스클럽과 어떤 관계가 있습니까?

저는 거기서 두 달째 운동을 하고 있습니다.

하루에 어느 정도 운동을 합니까?

하루에 한 시간에서 한 시간 반 정도, 러닝 머신을 위주로 운동하고 있어요.

효과가 있습니까?

당연히 효과가 있죠. 운동 후에 저울에 올라가 보면 정말 기쁘답니다.

왜죠?

몸무게가 줄어들었으니까요!

그럼 헬스를 하는 다른 회원들도 매일 저울에 올라갑

니까?

물론이죠. 헬스가 살 빼려고 하는 거 아니겠어요? 동네 아줌마들이 헬스를 하면서 만날 하는 얘기가 몇 그램 빠졌다는 식의 얘기니까요.

그렇습니다. 헬스클럽에서 저울은 필수적입니다. 사람들이 운동으로 얼마나 몸무게가 줄었는지를 확인해야 하니까요. 지금 우리 물리공화국보다 복지 정책이 잘되어 있는 나라에서는 100킬로그램 이상의 사람들만이 이용할 수 있는 휴양지나 그들만을 위한 옷 가게도 따로 있습니다. 날씬한 사람, 뚱뚱한 사람 모두 우리 물리공화국의 존경받는 국민입니다.

따라서 170킬로그램의 왕등치 씨를 회원으로 받았으면서 100킬로그램까지만 몸무게를 잴 수 있는 저울을 비치한 헬스클럽 사장 한날씬 씨에게 책임이 있습니다. 왕등치 씨는 고장 난 저울 값을 변상할 책임이 없습니다.

그런데… 물치 변호사는 이 법정이 어떤 법정인지를 착각하는 것 같소.

무슨 말씀이신가요, 판사님?

지금 변론 중에 물리는 하나도 쓰이지 않았잖소. 그럼 이 사건을 일반 법정에서 다루지 왜 굳이 물리법정에서 다루는 거요?

물치 변호사의 표정이 굳어졌다. 그는 물리에 자신이 없었다.

동감합니다, 판사님. 지금 물치 변호사는 이 재판을 일반 법정의 재판처럼 끌어 나가려고 합니다. 저는 이 사건을 물리학적으로 풀어 가고자 합니다. 용수철저울 권위자인 강탄성 박사를 증인으로 요청합니다.

손에 굵직한 용수철을 든 40대 초반의 지적인 남자가 증인석에 앉았다.

우선 헬스클럽이나 목욕탕에서 사용하는 저울의 원리를 알고 싶군요.

탄성을 이용하는 장치입니다.

좀 더 알기 쉽게 설명해 주십시오.

고무줄이나 용수철을 잡아당겼다 놓으면 제자리로 돌아가죠. 이렇게 힘을 받아 모양이 변했던 물체가 원래의 모양이 되고 싶어 하는 성질을 탄성이라고 하죠.

그럼 어떻게 물체의 무게를 재는 거죠?

시범을 보여 주려고 이렇게 용수철을 가지고 나왔습니다.

강탄성이 용수철을 천장에 매달았다.

🧑 검사님, 이 용수철의 길이를 재어 주십시오.

피즈 검사가 자로 용수철의 길이를 재었다.

👩 정확하게 1미터이군요.
🧑 그럼 여기에 1킬로그램의 추를 매달겠습니다.

강탄성이 용수철의 고리에 추를 매달자 용수철이 늘어났다.

🧑 길이가 얼마죠?
👩 10센티미터가 늘어났군요.
🧑 좋아요. 이번에는 2킬로그램의 추를 매달아 보죠.

이번에는 용수철이 더 많이 늘어났다.

🧑 얼마죠?
👩 더 많이 늘어났군요. 20센티미터가 늘어났습니다.
🧑 그렇습니다. 용수철에 물체를 매달면 지구가 물체를 잡아당기는 힘 때문에 용수철이 늘어나죠. 이 용수철은 1킬로

그램에 10센티미터씩 늘어나죠. 그러니까 용수철의 늘어난 길이를 통해 물체의 무게를 측정할 수 있죠. 이것이 바로 용수철을 사용한 저울의 원리입니다.

그렇군요. 그럼 왜 무거운 사람이 저울에 올라타면 저울이 고장 나죠?

추를 매달면 용수철이 늘어나죠? 그러다가 추를 떼어 버리면 용수철이 다시 원래의 길이가 되죠? 그런데 저울 안에도 용수철이 들어 있답니다. 우리는 용수철에 연결되어 있는 저울의 바늘을 통해 용수철이 늘어났다는 것을 알 수 있습니다. 즉, 저울에 사람이 올라가면 무게 때문에 용수철이 압축이 되고, 용수철에 연결된 바늘이 회전하여 몸무게를 알게 되는 거랍니다. 그리고 사람이 저울에서 내려오면 용수철이 다시 제자리로 갑니다. 따라서 바늘은 제자리로 오는 거죠.

무거운 사람이 올라타면 바늘이 제자리로 못 오나요?

음, 실험으로 보여 드리죠.

강탄성 박사는 조수 두 사람과 함께 천장에 매달린 용수철에 엄청나게 무거워 보이는 쇠공을 힘겹게 매달았다. 용수철이 바닥으로 쏜살같이 늘어났고, 쇠공은 바닥에 부딪쳤다. 그리고 쇠공을 용수철에서 떼어냈다. 하지만 용수철은 원래의 길이가 되지 못하고 엄청 늘어난 모습이었다.

용수철의 길이를 다시 재어 보시죠.

원래의 길이로 돌아갔다면 1미터겠죠.

과연 그럴까요?

피즈 검사가 길이를 재어 보았다. 피즈 검사는 다소 놀란 표정이었다.

원래의 길이보다 길군요.

용수철에 갑자기 너무 무거운 물체를 매다니까 용수철의 탄성이 사라진 겁니다. 용수철이 탄성을 잃어버려서 제자리로 돌아오지 못하는 겁니다. 용수철은 어느 정도의 힘이 작용했을 때까지는 탄성을 유지하지만 그보다 더 큰 힘이 작용하면 탄성을 잃어버리죠. 이것을 탄성의 한계라고 부른답니다.

그럼 왕등치 씨가 저울에 올라가자 저울 속의 용수철이 탄성의 한계를 벗어난 거군요?

네, 왕등치 씨의 무게는 저울의 최대 눈금인 100킬로그램의 거의 두 배 정도였습니다. 그 정도면 탄성의 한계에 도달했다고 볼 수 있죠.

증인의 말에서 알 수 있듯이 왕등치 씨가 저울에 올라탄 순간 용수철은 탄성의 한계에 도달했습니다. 그로 인해 왕등치 씨가 내려온 후에도 저울의 바늘은 0을 가리키지 못했습니다.

따라서 저울의 고장 원인은 전적으로 왕등치 씨의 엄청난 몸무게 탓입니다. 그러므로 왕등치 씨는 한날씬 씨에게 저울 값을 변상할 책임이 있습니다.

판결하겠습니다. 먼저 이 재판이 물리학에 근거한 재판이므로 일반적인 변론을 한 물치 변호사의 변론은 참고하기 힘듭니다. 탄성을 가진 물체는 모두 탄성의 한계를 가지고 있으므로, 왕등치 씨가 저울에 올라가자 탄성의 한계를 넘었을 거라는 피즈 검사의 주장은 타당합니다.

하지만 왕등치 씨에게 먼저 몸무게를 물어보지 않은 헬스클럽 사장에게도 잘못이 있습니다. 왕등치 씨의 몸무게가 저울의 탄성 한계를 넘어서므로 저울을 사용할 수 없다고 먼저 얘기를 했다면, 왕등치 씨는 저울에 올라가지 않았을 겁니다.

따라서 이 사건은 최대 눈금이 100킬로그램이라고 써 있는 저울에 올라탄 왕등치 씨와 저울을 사용할 수 없다는 점을 미리 알려 주지 않은 한날씬 씨 모두에게 책임이 있습니다. 왕등치 씨가 한날씬 씨에게 저울 값의 절반을 변상할 것을 판결합니다.

재판이 끝나고 왕등치는 저울 값의 절반을 들고 헬스클럽 사장에게 사과하러 갔다. 헬스클럽 사장 한날씬은 그 돈과 자신의 돈을 합쳐 200킬로그램까지 잴 수 있는 새 저울을 구입했다. 그러자 고마움의 표시로 왕등치는 3년 회원권을 구입했다.

3년 후 매일 2시간씩 고된 헬스를 한 왕등치의 몸무게는 80킬로그램으로 줄어들었다. 저울에 나타난 몸무게를 확인한 왕등치는 3년 전의 일을 떠올리며 속으로 중얼거렸다.

'이제는 최대 눈금이 100킬로그램인 저울에 올라갈 수 있는데….'

# 끼익끼익 마찰력

마찰력은 물체의 운동을 방해하는 힘입니다. 그럼 마찰력이 나쁜 힘이라고요? 아니에요. 반드시 그렇지는 않아요. 마찰력이 있어서 고마울 때도 많거든요. 정말 헷갈린다고요? 마찰력에 대해 좀 더 알아볼까요?

바닥에 주차되어 있는 차를 밀어 봅시다.

앗! 차가 잘 안 밀린다고요? 왜 안 밀릴까요? 그것은 마찰력 때

마찰력이 없다면 이 세상의 모든 자동차들은 멈춰 있지 못할 거예요.
자동차가 멈춰 있으려고 하는 것이 정지 마찰력입니다.

문입니다. 마찰력이 차가 움직이는 걸 방해하거든요.

이처럼 물체가 정지해 있도록 하는 마찰력을 정지 마찰력이라고 하는데요. 정지 마찰력의 방향은 차를 미는 힘의 방향과 반대이고, 그 크기는 차를 미는 힘의 크기와 같습니다. 아하! 차가 왜 안 밀렸는지 이제 알겠죠? 양쪽에서 같은 크기의 힘이 작용하여 차가 안 움직인 거였어요.

참, 그런데 가벼운 차는 잘 밀리고 무거운 트럭은 잘 안 밀리지요? 이것은 마찰력의 중요한 성질입니다.

● 마찰력은 물체의 무게에 비례한다

아하! 무거울수록 마찰력이 커져서 잘 안 밀리는군요! 하지만 힘을 더 크게 작용하면 차가 밀리지 않느냐고요? 물론 밀리지요. 마찰력은 물체의 운동을 방해하는 힘이고, 마찰력에는 최댓값이 존재하니까요. 그러니까 마찰력의 최댓값보다 더 큰 힘으로 밀면 차가 움직일 거예요.

우와! 신난다고요? 하지만 너무 좋아하지 마세요. 물체가 움직이더라도 끊임없이 마찰력을 받게 됩니다. 그 마찰력은 운동을 방해하는데, 이것을 운동 마찰력이라고 부릅니다. 마찰력! 정말 집요하군요.

여러분이 좋아하는 예를 들어 볼까요? 인라인 스케이트를 타고 아스팔트 도로를 달릴 때와 흙 길을 달릴 때를 비교해 봅시다. 어느 때의 기록이 더 좋을까요? 당연히 아스팔트 도로를 달릴 때입니다. 도로와 바퀴 사이의 마찰력이 작아 방해를 덜 받기 때문이죠.

하지만 우리에게 마찰력이 필요한 경우도 있습니다. 바로 자동차 타이어의 경우에 그렇답니다. 왜냐고요? 타이어와 지면 사이에 마찰력이 작으면 브레이크를 밟아도 차가 바로 멈추지 못하기 때문입니다. 차가 멈추지 않으면 끔찍하겠죠? 그래서 마찰력이 작아지는 눈길에서는 바퀴와 눈 사이의 마찰력을 더 크게 하기 위해 스노타이어를 사용하거나 체인을 감습니다.

# 제4장

# 달리는 차 안에서 던지면 더 빠르게 날아갈까

스튜어디스

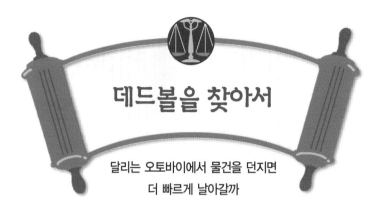

# 데드볼을 찾아서

### 달리는 오토바이에서 물건을 던지면 더 빠르게 날아갈까

**사건
속으로**

잘던져 군은 사이언스 대학에 다닌다. 사이언스 시티의 외곽에 위치한 사이언스 대학은 과학공화국에서 가장 넓은 캠퍼스를 가지고 있었다. 또한 캠퍼스는 넓은 도로로 포장되어 있어 학생들이 강의실을 이동할 때 오토바이를 많이 이용하였다.

대학 야구 동아리의 투수를 맡고 있는 잘던져도 멋진 오토바이를 타고 캠퍼스를 누비고 다녔다. 어느 날 잘던져는 한 손에 사과를 쥐고 교양 강의실로 오토바이를 몰았다.

그때였다. 저 앞에 같은 과 친구인 잘맞아가 걸어가고 있었

달리는 오토바이에서 물건을 던지면 위험합니다.
움직이고 있는 속도와 물체가 날아간 속도가 더해지기 때문입니다.

다. 잘던져는 잘맞아를 큰소리로 불렀다. 그러나 잘맞아는 못 들었는지 반응이 없었다. 잘던져는 들고 있던 사과를 잘맞아를 향해 던졌다.

사과는 엄청난 속력으로 날아갔고 잘맞아가 고개를 돌리는 순간 그의 이마에 명중했다. 쿵! 잘맞아는 바닥에 쓰러졌다. 잘던져는 잘맞아를 오토바이에 태워 병원에 데리고 갔다.

병원에 입원한 잘맞아는 잘던져가 사과를 너무 세게 던져 자신의 머리를 다치게 했다고 여겼다. 잘던져를 물리법정에 고소했다.

| **여기는 물리법정** | 달리는 오토바이에서 물건을 던지면 아주 위험하군요. 물리법정에서 속도에 대해 알아봅시다. |

**물리짱 판사**

잘맞아 씨가 잘던져 씨를 상대로 낸 의료비 청구 및 정신적 피해 보상에 대한 재판을 시작합니다. 피고 측 말씀하세요.

우선 잘던져 씨를 증인으로 하겠습니다.

**물치 변호사**

증인석에 앉아 있는 잘던져의 눈빛이 불안했다.

**피즈 검사**

🧑 증인은 잘맞아 씨의 친구죠?

😲 네.

🧑 그날 잘맞아 씨에게 사과를 어느 정도의 빠르기로 던졌는지 기억이 나십니까?

😲 네, 세게 던지면 친구가 다칠 것 같아 천천히 던졌습니다.

🧑 지금 이 자리에서 그때처럼 제게 사과를 던져 보시죠.

물치 변호사에게 사과를 건네받은 잘던져는, 3미터 떨어져 있는 물치 변호사에게 사과를 던졌다. 물치 변호사는 천천히 날아오는 사과를 일부러 머리에 부딪치게 했다. 물치 변호사의 이마에 맞은 사과는 바닥에 떨어졌다. 물치 변호사는 판사 앞으로 걸어가면서 말했다.

🧑 존경하는 판사님, 저 정도의 빠르기로 던진 사과에 머리를 부딪쳤다 해도 큰 부상은 생기지 않습니다. 그냥 기분이 좀 나쁠 정도의 충격만 있겠지요. 그럼에도 불구하고 잘맞아 씨가 머리에 큰 부상을 입었다는 것은 납득하기 어려운 상황입니다. 따라서 잘던져씨는 무죄입니다.

👩‍🦱 원고 측 말씀하세요.

👩 잘본다 씨를 증인으로 하겠습니다.

증인석에는 남달리 눈이 큰 잘본다가 주변을 두리번거리고 있었다.


증인은 잘맞아 씨와 잘던져 씨를 알고 있습니까?

네, 같은 과 친구인데요.

증인은 그날 잘맞아 씨가 사과에 맞아 쓰러질 때 옆에 있었죠?

네, 함께 걸어가고 있었습니다.

그럼 날아온 사과도 보았겠군요. 사과가 천천히 날아오던가요?

아니요, 강속구 투수의 야구공처럼 아주 빠르게 날아왔어요.

증인은 오토바이를 타고 오는 잘던져 씨를 보았나요?

네.

오토바이의 속도가 어느 정도였나요?

그 길은 도로가 넓어 속도를 내기 좋은 곳이죠. 제가 보기에는 시속 100킬로미터 정도였어요.

고맙습니다.


피즈 검사는 판사를 바라보며 말했다.

존경하는 판사님, 움직이고 있는 사람이 움직이는 방향으로 물체를 던지면, 물체의 속도는 두 속도의 합이 됩니다. 잘던져 씨는 시속 100킬로미터의 속도로 달리면서 달리는 방향으로 사과를 던졌습니다. 이때 사과를 시속 10킬로미터로 던졌다고 가정해 봅시다. 사과는 두 속도가 더해진 시속 110킬로미터로 날아가게 되는 것이죠.

시속 110킬로미터라면 프로야구 투수들의 커브 볼의 빠르기죠. 사과는 단단한 과일이고 이런 빠르기로 날아온 사과에 머리를 맞아 부상을 당하는 것은 당연한 결과입니다. 피고 잘던져 씨는 이 사실을 몰랐다고는 하지만 잘맞아 씨의 부상에 대한 책임을 면할 수는 없습니다. 잘맞아 씨가 주장한 의료비 일체와 정신적 손해 보상을 해야 한다고 주장합니다.

잘맞아 씨의 손해 배상 청구 소송에 대한 판결을 내립니다. 피즈 검사의 주장과 물리법 2조 2항에 따라 잘맞아 씨의 머리를 향해 날아간 사과의 속도는 잘던져 씨가 던진 속도와 오토바이 속도의 합이 됩니다. 당시 오토바이의 속도는 시속 100킬로미터 정도였으므로, 그 정도의 속도로 움직이면서 물체를 던지는 행위는 매우 위험합니다.

따라서 잘던져 씨는 원고 잘맞아 씨의 병원비 일체와 정신적 위자료를 지급하세요. 또한 대학 캠퍼스 내에서 시속 100킬로미터라는 속도로 오토바이를 몰고 다니면서 물체를 던질 때 생길 위험을 예방하기 위해, 앞으로 잘던져 씨가 대학 캠퍼스에서 오토바이를 타고 다닐 수 없도록 판결합니다.

재판이 끝나고 잘던져는 아끼던 오토바이를 팔아 잘맞아의 병원비와 정신적 위자료를 지급하고 남은 돈으로 자전거를 샀다. 이 재판에 대한 소식이 학생들에게 알려지자 사이언스 대학에서는 더 이상 오토바이를 볼 수 없었다. 그리고 자전거를 타고 다니는 학생들이 여기저기 늘어나게 되었다.

# 자동차여, 안녕

### 가만히 서 있기만 해도
### 자동차 빠르기로 움직일 수 있을까

**사건
속으로**

과학공화국의 수도인 사이언스 시티 인근에 조용한 도시인 나노 시티가 있었다. 그런데 나노 시티가 조용한 데에는 이유가 있었다. 나노 시티 사람들을 자동차나 비행기와 같은 운송 수단을 타는 것을 극도로 꺼려했다. 심지어 나노 시티에서 자전거나 인라인 스케이트를 타는 것도 상상할 수 없었다.

나노 시티 사람들은 다른 지역의 사람들에 비해 유독 다리가 가늘고 힘이 없었다. 그래서 빠른 속도로 오래 걷지 못했다.

그리고 그들은 느린 세상에 익숙해져 있었다.

나노 시티의 사람들은 멀리 있는 사람들과 만나기가 힘들었다. 그래서 나노 시티 도로 교통국은 나노 시티의 모든 도로를 움직이는 도로로 만들어, 시민들이 가만히 서 있어도 목적지에 도착할 수 있게 하려는 야심 찬 프로젝트를 내놓았다.

나노 시티는 전력 사정이 너무 좋아 도로를 움직이게 하는 데 필요한 전기 공급에 대해서는 걱정할 필요가 없었다. 나노 시티 도로 교통국은 시속 60킬로미터로 움직이는 도로를 건설하기로 결정하고 업자를 선정했다. 업자로 결정된 빠르다 도로회사는 나노 시티와의 약속대로 시속 60킬로미터로 움직이는 도로를 만들었다.

하지만 시민들은 움직이는 도로를 그저 멍하니 바라만 보고 있었다. 나노 시티의 공무원이 시민들에게 물었다.

"왜 움직이는 도로에 타지 않소?"

"당신이라면 총알처럼 움직이는 저 도로에 목숨 걸고 올라탈 수 있겠소?"

공무원이 움직이는 도로를 바라보았다. 도로가 너무 빨리 움직여서 정신을 차릴 수 없었다. 시속 60킬로미터로 움직이는 도로는 시민들이 올라타기에는 너무 빠른 속력이었다. 사람들이 타지 못하는 문제뿐만 아니라 움직이는 도로 때문에 시민들이 길을 건널 수 없게 되었다. 도로를 사이에 두고 고립

빨라 보이는 물체의 속도를 따라잡을 수 없을까요?
상대 속도의 원리를 알면 됩니다.

되는 사태가 벌어졌다.

결국 도로 교통국은 빠르다 도로회사를 상대로 손해 배상 청구 및 도로의 원상 복구를 요구하는 소송을 냈다.

**여기는
물리법정**

움직이는 도로는 만들 수 없을까요? 하지만 물리를 알면 만들 수 있답니다. 물리법정에서 상대 속도에 대해 알아봅시다.

물리짱 판사

물치 변호사

피즈 검사

나노 시티 도로 교통국이 빠르다 도로회사를 상대로 낸 자동 도로에 의한 손해 배상 청구 재판을 시작합니다. 피고 측 말씀하세요.

도로 교통국은 빠르다 도로회사에 시속 60킬로미터로 움직일 수 있는 도로를 만들어 달라고 했습니다. 그리고 빠르다 도로회사는 약속대로 60킬로미터로 움직이는 도로를 만들었습니다. 따라서 빠르다 도로회사는 계약을 성실히 이행한 것입니다.

잘못은 시속 60킬로미터로 움직이는 도로에 사람들이 올라탈 수 없는 것을 미리 예측 못한 도로 교통국에게 있습니다. 빠르다 도로회사의 책임은 아니라고 여겨집니다. 그러므로 빠르다 도로회사는 도로 교통국에 변상할 책임이 없다고 주장합니다.

🧑‍🦱 원고 측 말씀하세요.

🤓 속력 연구소의 스피드 박사를 증인으로 요청합니다.

자전거 헬멧을 쓰고 몸에 딱 붙는 트레이닝복을 입은 남자가 증인석에 앉았다.

🤓 속력 연구소는 무슨 일을 하는 곳인가요?

🕶️ 이 세상의 모든 속력을 연구하는 곳입니다.

🤓 시속 60킬로미터는 어느 정도의 속력입니까?

🕶️ 차가 국도를 달릴 때의 제한 속력이니까 엄청나게 빠른 속력이죠.

🤓 그럼 그 속력으로 움직이는 도로에 사람이 올라탈 수 있습니까?

🕶️ 그건 불가능합니다. 시속 60킬로미터로 달리는 자동차에서 뛰어내리는 것처럼 위험하죠.

🤓 그럼 사람이 탈 수 있는 자동 도로를 건설하는 것은 불가능한가요?

🕶️ 꼭 그렇지는 않습니다. 만일 시속 5킬로미터로 움직이는 도로라면 사람들이 쉽게 올라탈 수 있습니다. 그 정도의 속력은 사람이 걸어갈 때의 속력이니까요.

🤓 하지만 시속 5킬로미터로 움직이는 도로라면 너무 느려

서 별 의미가 없을 것 같은데요.

🧑‍🦲 상대 속도를 이용하면 될 것입니다.

👵 그건 뭐죠?

🧑‍🦲 고속도로에서 나란히 달리는 차를 보면 마치 그 차가 멈춰 있는 것처럼 보입니다. 이것은 그 차가 자신이 탄 차에 대한 상대 속도가 0이기 때문입니다. 이렇게 우리 자신이 움직일 때 다른 움직이는 물체의 속도는 그 물체의 실제 속도에서 우리의 속도를 뺀 값으로 나타내는데, 그것을 그 물체의 상대 속도라고 합니다.

👵 그것과 시속 60킬로미터로 움직이는 도로와는 무슨 관계가 있지요?

🧑‍🦲 자동 도로는 모터에 벨트를 연결하여 돌아가게 하는 원리입니다. 자동 도로는 바로 움직이는 벨트입니다. 모터가 빨리 회전하면 도로가 빨리 움직이게 되죠.

👵 그러니까 에스컬레이터랑 비슷하군요.

🧑‍🦲 그렇습니다. 에스컬레이터를 눕혀 놓은 것이라고 생각하면 됩니다.

👵 그렇다면 모터의 속도가 각각 다르게 하여, 차선 별로 벨트를 여러 개 만들고 속도를 다르게 한다면 어떻겠습니까?

🧑‍🦲 바로 그거예요. 나노 시티의 자동 도로는 왕복 12차선이더군요. 또한 12개의 차로는 각기 다른 모터에 연결되어

있지요. 그런데 모든 도로의 속력이 시속 60킬로미터가 되도록 설정이 되어 있더군요. 이것을 수정하여, 인도에서 가까운 도로부터 시속 5킬로미터, 10킬로미터, 15킬로미터의 속도로 움직이게 하여 가장 빠른 도로를 시속 60킬로미터로 움직이게 하면 될 것입니다.

그래도 시속 60킬로미터의 도로에는 올라탈 수 없잖아요?

그렇지 않습니다. 우선 인도를 걷던 사람은 안전하게 시속 5킬로미터 도로에 탈 수 있습니다. 시속 5킬로미터로 움직이는 도로 위에 있는 사람에게 시속 10킬로미터로 움직이는 옆 도로는 시속 5킬로미터로 움직이는 것과 같습니다. 따라서 안전하게 옆 도로로 바꾸어 탈 수 있습니다. 이런 식으로 차례대로 옮겨 타면 시속 60킬로미터로 움직이는 도로까지 안전하게 옮겨 탈 수 있습니다.

맞습니다. 움직이는 도로의 시공을 맡은 사람은 사람이 탈 수 있는 도로를 만들어야만 합니다. 만일 계약 당시부터 사람이 탈 수 없는 도로라고 생각된다면 공사를 맡지 않거나 도로 교통국에 문제점을 얘기했어야 했습니다. 하지만 빠르다 도로회사는 어떤 노력도 하지 않았습니다. 스피드 박사의 증언대로 빠르다 도로회사가 상대 속도의 개념을 이용하여 12개의 도로가 서로 다른 속력으로 움직이게 설계했다면 여기까지 오지도 않았을 것입니다. 따라서 빠르다 도로회사가 계약대로 성실히 의무를 이행했다고 하기는 어렵습니다. 그러므로 빠르다 도로회사는 도로 교통국에 손해 배상을 할 의무가 있습니다.

판결하겠습니다. 움직이는 도로는 우리 사이언스 공화국 모든 도시의 꿈입니다. 이것은 공해가 없는 도시를 만들고 교통사고의 위험으로부터 우리를 자유롭게 해 줄 수 있기 때문입니다. 물론 빠르다 도로회사는 계약대로 시속 60킬로미터로 움직이는 12차선의 도로를 건설했습니다. 하지만 이 도로는 물건을 운송하는 도로가 아니라 사람이 타는 도로입니다. 그렇다면 빠르다 도로회사에게는 사람이 탈 수 있도록 도로를 설계할 책임이 있습니다.

따라서 다음과 같이 판결하겠습니다. 빠르다 도로회사는 스피드 씨의 자문을 받아 시속 5킬로미터의 차이로 움직이는 12개의 자동 도로를 다시 시공할 것을 판결합니다.

얼마 후 빠르다 도로회사는 12차선이 시속 5킬로미터의 속력 차이로 움직이도록 도로를 재시공했다. 나노 시티의 시민들은 자동 도로를 안전하게 이용하여 원하는 시간에 목적지에 도착할 수 있게 되었다.

# 꽃마을 사람들

아파트를 지나가다 화분에 맞았다면
누구에게 보상받아야 하나

사이언스 시티 북동쪽에 위치한 플라워 마을에는 꽃을 사랑하는 사람들이 살고 있었다. 그중에서도 꽃마을 아파트의 주민들은 집집마다 베란다 창밖에 화분대를 설치하여 예쁜 꽃을 올려놓았다. 아파트 사람들은 자신들의 아파트가 세상에서 가장 아름답다고 여겼다.

그러던 어느 날 문제가 발생했다. 해마다 여름이면 플라워 마을에는 강풍이 불곤 했는데, 올해는 유난히 강한 바람이 마을에 불어 닥친 것이다. 주민들은 베란다 유리창을 닫고 불안에 떨었다. 갑자기 세찬 강풍이 불어 닥쳤고 아파트 단지가 어둠에 싸이게 되었다. 강풍으로 정전이 된 것이다.

바로 그때, 술에 취해 귀가하는 주정해 씨가 어두운 아파트 건물의 입구를 찾기 위해 아파트 주위를 서성이고 있었다. 그때 10층의 베란다에서 화분이 떨어졌다. 작은 화분이었지만 무서운 속도로 바닥으로 추락했다. 마침 그 자리에 있던 주정해가 화분에 맞아 숨졌다.

주정해의 가족은 분노했다. 아파트 베란다 밖에 화분을 놓았기 때문에 사고가 난 것이라며, 10층의 주인인 꽃조아를 물리법정에 고소했다.

고층 아파트에 사는 분들은 조심해야 해요.
높은 곳에서 떨어지는 물체에는 가속도가 붙기 때문입니다.

**여기는 물리법정**

저런, 불행한 사고였군요. 아파트 베란다에 물건을 올려놓으면 위험할 수도 있군요. 물리법정에서 가속도에 대해 알아봅시다

**물리짱 판사**

**물치 변호사**

**피즈 검사**

🧑 피고 측 말씀하세요.

🧑 이번 사건에서는 현장 환경을 알아볼 필요가 있습니다. 아파트 경비원인 잘지켜 씨를 증인으로 요청합니다.

약간 머리가 벗겨지고 마른 체격의 잘지켜가 증인석에 앉았다.

🧑 증인은 꽃마을 아파트 경비원이 맞습니까?

🧑 맞구먼요. 10년 째 꽃마을 경비원으로 일하고 있구먼요.

🧑 이번처럼 베란다 창밖에 놓은 화분이 바닥으로 떨어진 적이 있었습니까?

🧑 이번이 처음이구먼요. 도통 그런 일이 없었는데 그놈의 강풍 때문에… 어이쿠! 비참한 일이구먼요.

🧑 존경하는 재판장님, 이번 사건은 강풍이라는 천재지변 때문에 벌어진 사건입니다. 지진 때문에 건물이 무너졌다고 해서 건물을 지은 회사가 책임을 지지는 않습니다. 마찬가지로 강풍에 의해 떨어진 화분이 주정해 씨를 사망하게 한 것은 유감스러운 일이지만 어쩔 수 없는 천재지변입니다. 따라서 꽃조아 씨는 잘못이 없습니다.

🧑‍🦱 원고 측 말씀하세요.

👩 이번 사건은 날씨와 관련이 깊습니다. 그래서 저희는 기상 연구가인 김날씨 박사를 증인으로 요청합니다.

양복을 점잖게 입은 40대 후반의 남자가 증인석에 앉았다.

👩 증인은 20년 동안 날씨를 연구하셨죠?

🧑 네.

👩 최근 몇 년간 꽃마을의 날씨는 어땠습니까?

🧑 최근에 인공 바다가 생기면서부터 강한 바람이 불기 시작했어요.

👩 작년에도 강풍이 불어 닥친 적이 있습니까?

🧑 금년처럼 심하지는 않았지만 아파트 유리창이 깨질 정도로 강한 바람이 분 적은 있습니다.

👩 고맙습니다. 존경하는 재판장님, 증인인 김날씨 박사의 말처럼 최근 들어 꽃마을은 바람 부는 날이 늘어나고 있습니다. 따라서 언제 불어 닥칠지 모르는 강풍에 대비하기 위해, 화분을 베란다 안쪽에 놓아야 했습니다.

물체는 떨어지면서 점점 빨라집니다. 10층 높이에서 떨어진 화분이 바닥에 닿을 때의 속력은 시속 100킬로미터 정도입니다. 시속 100킬로미터의 속력으로 떨어지는 화분에 맞은 사람은 죽을 것입니다. 따라서 화분을 베란다 창밖에 놓은 꽃조아 씨에게 책임이 있습니다.

🧑‍🦱 판결을 내리겠습니다. 떨어지는 물체의 속력은 시간에 비례하여 점점 빨라지게 됩니다. 그리고 베란다 창밖에 불안정하게 놓여 있는 화분은 바람의 속력과 방향에 따라 큰 회전력이 작용하여 지지대를 벗어날 수 있습니다. 그럼에도 불구하고 화분을 베란다 밖의 지지대에 놓은 것은 잘못입니다. 따라서 낙하 운동에 관한 법률에 따라 꽃조아 씨에게 책임이 있다고 판결합니다.

재판 후 꽃마을 아파트 사람들은 베란다 밖에 화분을 올려놓지 않았다. 대신 그들은 아파트의 벽면에 여러 꽃 그림을 페인트칠하고, 아파트의 화단을 넓혀 예쁜 꽃들을 심었다. 이제 꽃마을 아파트는 1동, 2동, 3동… 숫자로 동을 구분하지 않았다. 벽면에 장미가 그려져 있으면 장미동, 튤립이 그려져 있으면 튤립동이라는 이름을 쓰게 되었다.

# 자동차보다 더 빨리 달리는 사람

여러분이 길거리에 서 있다고 합시다. 여러분 앞으로 버스 한 대가 지나가네요. 버스 안에서 승객 한 명이 버스가 가는 방향으로 걸어가고 있군요.

이제 버스가 안 보인다고 최면을 걸어 보세요. 그러면 버스 안에서 걸어가는 사람만 보이겠죠? 놀랍군요! 그 사람은 엄청나게 빠르게 움직이고 있을 테니까요. 버스의 속도가 시속 60킬로미터이고 사람의 걷는 속도를 시속 4킬로미터라고 하면, 그 사람의 속도는 두 속도의 합인 시속 64킬로미터가 됩니다. 여기서 썰렁한 퀴즈! 이 세상에서 가장 빠른 여자는? 답은 스튜어디스입니다. 스튜어디스의 속도는 시속 700킬로미터 이상입니다.

● 가로수를 뒤로 가게 하는 상대 속도

상대 속도는 속도의 뺄셈 공식입니다. 달리는 차를 타고 창밖을 봅시다. 가로수가 뒤로 가는 것처럼 보이겠지요? 차를 더 빨리 몰아 보세요. 어라! 가로수가 더 빨리 뒤로 가는군요.

하지만 차를 세워서 보면 가로수는 제자리에 있습니다. 이 세상에 움직이는 가로수는 없으니까요. 그럼 왜 이런 현상이 생길까요? 그것은 당신이 움직이고 있기 때문입니다.

이처럼 관찰자가 어떤 속도로 움직이면서 다른 물체의 속도를 관찰할 때 보이는 것을 상대 속도라고 합니다. 물체의 상대 속도는 다음과 같이 정의됩니다.

★ **물체의 상대 속도 =** 물체의 실제 속도 − 관찰자의 속도

이제 가로수의 상대 속도를 정확히 구해 볼까요? 가로수는 정지해 있으니까 실제 속도는 0이겠죠? 차가 시속 60킬로미터로 달린다면 관찰자의 속도는 시속 60킬로미터입니다. 가로수의 실제 속도인 0에서 관찰자의 속도인 60을 빼면, 0-60 = −60이 됩니다. 여기서 음의 부호(−)는 차의 방향과 반대를 나타낸답니다. 아하! 그래서 가로수가 차의 방향과 반대로 움직이는 것처럼 보이는군요!

● 떨어질수록 빨라지는 물체

물체는 떨어질수록 점점 빨라집니다. 왜냐고요? 지구에는 물체를 잡아당기는 힘(만유인력)이 있기 때문이지요.

스튜어디스는 비행기보다 빠른 사람입니다.
보행 속도만큼 비행기의 속도보다 빠르니까요.

그렇다면 떨어질수록 어떻게 빨라질까요? 그것은 행성에 따라 조금씩 다르답니다. 지구를 예로 들어 볼까요?

공기의 저항을 무시한다면 떨어지는 물체의 속도는 1초 후에는 초속 10미터, 2초 후에는 초속 20미터, 3초 후에는 초속 30미터가 될 것입니다. 초속 30미터는 시속 110킬로미터 정도의 속도입니다. 우와 3초밖에 안 됐는데 엄청난 속도로 떨어지는군요! 그러니까 단단한 물체를 높은 곳에서 떨어뜨리지 않도록 조심합시다!

# 제5장

# 타이타닉호는 왜 빙산을 피하지 못했을까

**물체가 크고 무거울수록 커지는 관성_타이타닉호의 침몰**
타이타닉호는 왜 빙산을 보고도 피하지 못했을까

**충돌에 영향을 미치는 물체의 속력과 질량_어른은 가라**
어른이 어린이 눈썰매장에 들어가 사고를 냈다면 죄가 될까

**가벼울수록 많이 움직이는 물체_자동차 충돌 사건**
주차장에 세워 두지 않은 차를 파손하더라도 책임져야 할까

**속도가 빨리 변할수록 커지는 관성_조용한 버스**
급정거한 버스에서 다치면 보상받을 수 있을까

# 타이타닉호의 침몰

타이타닉호는 왜 빙산을 보고도
피하지 못했을까

**사건
속으로**

안추워 씨는 워낙 추위를 타지 않는 체질 덕분에 겨울 여행을 즐겼다. 올해도 안추위는 겨울 휴가 동안 북극 여행을 가려고 썰렁 여행사의 북극 여행을 신청했다.

드디어 휴가가 시작되었다. 기다리고 기다리던 호화 유람선 타이타닉호를 타고 북극 여행을 하게 되었다. 안추위가 탄 타이타닉호는 매우 컸다. 마치 거대한 호텔과 같았다. 정말 없는 게 없었다. 쇼핑 몰, 레스토랑, 영화관, 스포츠 센터, 나이트클럽….

타이타닉호는 바다 위를 평화롭게 항해하고 있었다. 아직은 북극에서 멀리 떨어져 있어 갑판에 서 있어도 한기가 느껴지지 않았다.

항해는 계속되었다. 이제 갑판으로 불어오는 바람이 제법 쌀쌀하게 느껴졌다. 그리고 하얀 빙산 조각들이 보이기 시작했다. 드디어 북극해에 도착한 것이다.

안추워는 갑판의 카페에서 따뜻한 커피를 마시며 북극해를 바라보고 있었다. 안추워는 마음이 들뜨기 시작했다. 드디어 꿈에 그리던 북극에 왔기 때문이었다. 타이타닉호는 내일 북극점에 도착할 예정이었다. 안추워는 북극해의 일출을 보기 위해 일찍 잠자리에 누웠다.

한편 기관실에서는 야간 운항을 위해 임무를 교대하는 시각이었다. 야간 운항을 할 기관사는 잘졸려 씨였다. 타이타닉호는 어둠을 헤치며 배의 불빛에 반사된 빙산 조각들이 하얗게 빛나는 바다를 항해하고 있었다. 마침 커다란 빙산이 없어서 자동 조정 모드로 운항하는 사이 잘졸려는 깜빡 졸게 되었다. 잘졸려가 잠시 잠이 깼을 때였다. 거대한 빙산이 그의 눈앞에 나타났다. 놀란 잘졸려는 키를 한쪽으로 돌려 보았지만 거대한 타이타닉호가 빙산을 피하기에는 역부족이었다.

결국 타이타닉호는 빙산과 충돌하여 침몰했다. 북극 여행의 꿈에 부풀었던 안추워는 타이타닉호의 파편을 붙잡고 극적

물체가 무거울수록 관성이 커집니다.
질량이 큰 물체와 작은 물체를 비교해 봅시다.

으로 살아났다. 하지만 워낙 차가운 북극 바다에 떠 있어서 하반신이 마비되는 큰 부상을 입었다.

타이타닉호의 침몰 소식은 큰 기삿거리가 되었다. 사건 직전, 타이타닉호의 파편에서 발견된 CCTV 녹화 테이프를 통해 잘졸려가 잠자는 모습이 뉴스를 통해 방영되었다.

안추워는 기관사의 불찰 때문에 대형 사고가 일어났고, 그로 인해 자신이 큰 부상을 입게 되었다는 생각에 참을 수 없었다. 선박 회사와 여행사에 보상을 요구하기 위해 물리법정에 고소했다.

**여기는 물리법정**

잠에서 깨어난 안추워 씨가 빙산을 발견했지만 피하지 못했군요. 그런데 타이타닉호는 왜 빨리 피하지 못했을까요? 물리법정에서 관성에 대해 알아봅시다.

물리짱 판사

재판을 시작합니다. 피고 측 말씀하세요.

물치 변호사

북극 전문 탐험가인 이북극 씨를 증인으로 채택합니다.

법정이 더운지 자꾸 부채질을 하고 있는 40대의 이북극 씨가 증인석에 앉았다.

피즈 검사

증인은 북극 탐험 전문가이죠?

네.

북극은 몇 번 정도 다녀 보았습니까?

셀 수도 없죠. 일 년에도 여러 차례 북극에 다녀왔죠.

북극에는 빙산이 많죠?

물론이죠. 남극은 거대한 대륙을 이루고 있지만 북극은 작은 빙산부터 거대한 빙산까지 셀 수 없을 만큼 많죠.

그럼 북극의 빙산에 대한 정확한 지도가 있습니까?

탐험가들의 자료를 수집하여 만든 지도가 있지만 빙산이 쪼개어져 다른 곳으로 떠돌아다니는 경우도 있습니다. 어디에 빙산이 있을지는 정확히 알 수 없죠.

이 사건은 타이타닉호 앞에 갑자기 나타난 빙산을 피하지 못해 일어난 사고입니다. 그런데 당시 타이타닉호는 그 지역의 빙산의 크기와 위치를 컴퓨터에 입력하여 자동 조정 모드로 운항을 하고 있었습니다.

그러므로 자동으로 빙산을 피하지 못한 타이타닉호에 문제가 있습니다. 설령 기관사가 졸지 않았다 해도 어둠 속에서 지도에도 없는 빙산이 나타났다면, 이 세상 어떤 기관사도 충돌을 피하기 어려웠을 겁니다. 따라서 이번 사건을 기관사의 운항 부주의로만 여기면 안 됩니다.

원고 측 말씀하세요.

저희 측에서는 선박의 운항에 대해 증언을 해 줄 선박 전문가 김선박 씨를 증인으로 요청합니다.

선원 복장을 한 김선박 씨가 증인석에 앉았다.

타이타닉호는 어느 정도 규모의 배입니까?

세계에서 가장 큰 초호화 유람선입니다. 물위로 거대한 빌딩이 움직인다고 생각하면 됩니다.

그러한 초대형 선박을 운항할 때는 어떤 점을 주의해야 합니까?

선박이 크고 무거워지면 관성이 커집니다. 관성은 정지해 있던 물체는 정지해 있으려고 하고, 움직이고 있던 물체는 계속 움직이려고 하는 물체의 성질이죠. 초대형 선박을 운항할 때는 이런 관성을 고려해야 합니다.

초대형 선박을 운항할 때 왜 관성을 고려해야 합니까?

선박이 크고 무거울수록 운동 상태를 바꾸기가 어렵기 때문이죠. 그러니까 타이타닉호와 같은 거대한 선박은 갑자기 빙산이 나타날 때 재빨리 선박을 회전시켜서 피하기가 매우 힘듭니다. 이에 비해 가볍고 작은 모터보트는 관성이 작아 쉽게 피할 수 있습니다.

그렇다면 대형 선박의 기관사는 항상 전방을 주시해야

겠군요?

물론입니다. 관성이 큰 타이타닉호를 갑자기 회전시키기는 어렵습니다. 빙산이 저 멀리에 있더라도 방향을 서서히 돌려 피해야 할 것입니다. 따라서 대형 선박의 경우에는 한 사람이 조정하지 않고 두세 명의 항해사가 함께 항해하도록 되어 있습니다.

존경하는 재판장님, 증인의 말처럼 타이타닉호와 같이 무거운 초대형 선박은 여러 명의 항해사가 빙산을 관찰하면서 운항할 책임이 있다고 여겨집니다. 그럼에도 불구하고 야간 항해를 잘졸려 기관사 한 명에게 맡겼고, 잘졸려는 전방을 주시해야 할 의무를 망각한 채 선박을 자동 운항시키고 깜박 졸았습니다. 이것은 수백 명의 안전을 전혀 고려하지 않은 과실입니다. 이번 사고의 책임은 타이타닉호와 기관사에게 있습니다.

판결하겠습니다. 운동하고 있는 물체의 질량이 클수록 운동 상태를 바꾸기 힘들다는 것은 잘 알려진 물리 법칙입니다. 왜냐하면 질량이 클수록 물체의 관성이 커지기 때문입니다. 타이타닉호는 세계에서 제일 큰 유람선입니다. 타이타닉호의 관성은 크므로 순간적으로 방향을 바꾸기 어렵다는 것을 생각한다면, 항상 전방을 주시해야 합니다.

그럼에도 불구하고 항해사는 자동 운항을 시키고 졸아서 빙산과 충돌했습니다. 사고의 책임은 항해사와 타이타닉호를 운항하는 선박 회사에 있습니다. 선박 회사는 모든 부상자들과 사망자들에게 피해 보상을 하고, 항해사는 피해자의 가족들을 모두 만나 진심으로 사죄할 것을 판결합니다.

뒤늦게 잘못을 깨달은 선박 회사는 사망자들의 합동 분향소를 설치했다. 선박 회사 직원들은 유가족들의 슬픔을 위로했고 부상자들이 빨리 쾌유할 수 있도록 간병을 하는 등 희생자 가족들을 위해 최선을 다했다.
선박 항해사 잘졸려는 희생자 가족들을 만나 모든 것이 자신의 불찰 때문이라며 진심으로 사과했다. 처음에는 항해사를 보는 것조차 싫어했던 희생자 가족들은, 차츰 항해사의 진심 어린 사과를 받아들였다. 그리고 타이타닉호의 항해실에는 주의 문구가 붙었다.

타이타닉호는 관성이 크니 장애물이 보이면 멀리서부터 방향을 바꿀 것! 아니면 장애물과 키스!!

# 어른은 가라

어른이 어린이 눈썰매장에 들어가
사고를 냈다면 죄가 될까

<table>
<tr><td>사건<br>속으로</td><td>눈시로 씨는 겨울철에 눈썰매나 스키를 타는 것을 무척 싫어<br>한다. 그러나 겨울이면 눈썰매장을 비켜갈 수 없었다. 부인<br>과 헤어진 후 아들 눈조아에게 항상 미안했던 터라 아들의<br>부탁에는 한없이 약해지는 눈시로였다.</td></tr>
</table>

눈시로는 유치원에 다니는 눈조아의 성화에 못 이겨 올해도
눈씽 리조트를 찾았다. 눈씽 리조트에는 엄청나게 많은 스키
인파들이 몰려들었다. 눈시로는 리조트 안의 호텔에 방을 잡
고 아들과 함께 눈썰매장으로 갔다.

눈씽 리조트에는 다양한 눈썰매장이 있었다. 아주 높은 곳까지 리프트를 타고 올라가서 내려오는 고급 코스부터, 경사가 완만한 어린이 전용 눈썰매 코스도 있었다.

눈조아는 또래 아이들보다 키가 작고 왜소해서 고급 코스는 당연히 탈 수 없었다. 그래서 가장 경사가 완만한 어린이 전용 코스만 이용했다. 그런데 눈썰매를 타는 것에 공포를 느끼고 있었던 눈시로는 어린이 전용 코스도 꺼려했다. 때문에 눈조아가 눈썰매를 타는 것을 멀리서 지켜보기만 할 뿐이었다.

눈조아는 눈썰매를 손에 들고 언덕 위로 올라갔다. 눈조아는 내려올수록 점점 빨라지는 눈썰매를 타는 것이 재미있었다. 눈시로는 아들이 즐겁게 눈썰매를 타는 모습을 보는 것만으로도 즐거웠다.

눈시로가 잠시 담배를 피우려고 라이터를 찾고 있을 때였다. 뚱뚱한 청년 두 명이 아이들이 타고 있는 눈썰매장으로 올라갔다.

"아니! 저 사람들이 왜 여기서 타지?"

눈시로는 불안한 마음에 안전 요원을 찾아보았다. 하지만 안전 요원들은 고급 코스 눈썰매장에 몰려 있었다. 눈시로가 그들을 찾아가려고 하는 순간 아들과 뚱뚱한 두 청년이 나란히 내려오고 있었다. 두 청년은 속력을 높이려고 몸을 숙였다.

어른과 어린이가 부딪치면 어린이만 심하게 다칩니다.
물체의 질량에 따라 관성이 다르기 때문입니다.

그때였다. 두 청년의 눈썰매 방향이 눈조아의 눈썰매 쪽을 향했다. 급기야 쿵! 아들 눈조아는 두 청년과 부딪쳐 눈썰매를 놓치고 데굴데굴 언덕 아래로 굴러 내려갔다. 깜짝 놀란 눈시로가 아들을 향해 달려갔다.

눈조아는 몇 군데에 심한 타박상을 입고 병원에 입원했다. 눈시로는 안전 관리를 허술하게 한 눈씽 리조트와 어린이 전용 눈썰매장에서 눈썰매를 탄 두 청년을 물리법정에 고소했다.

**여기는 물리법정**

어른과 어린이가 부딪치면 어린이가 더 심하게 다치는군요. 물리법정에서 물체의 속력과 질량에 대해 알아봅시다.

물리짱 판사

물치 변호사

피즈 검사

🦱 피고 측 말씀하세요.

😎 눈썰매장에서는 누구나 자기가 좋아하는 코스를 이용할 권리가 있다고 봅니다. 두 청년은 고소 공포증이 있어서 다른 성인들처럼 경사가 심한 코스를 이용할 수 없었습니다. 그래서 어린이 전용 눈썰매장을 이용했으므로, 그것이 죄가 되지는 않는다고 생각합니다. 따라서 두 청년에게 물리법적인 책임은 없다고 주장합니다.

🦱 원고 측 말씀하세요.

👵 증인으로 충돌 전문가인 좌충돌 박사를 요청합니다.

좌충돌 박사는 증인석에 앉아 있으면서도 탁구공과 골프공을 만지작거렸다.

🧑 박사님은 평생을 물체의 충돌에 대해 연구하셨죠?

🗯 저의 연구 분야죠.

🧑 물체의 충돌에 영향을 끼치는 것은 무엇입니까?

🗯 움직이는 두 물체가 충돌할 경우에는 물체의 속력과 질량이 충돌에 가장 큰 영향을 끼칩니다.

🧑 그럼 같은 속력으로 움직이는 두 물체가 충돌해도 두 물체의 질량이 다르면 입는 피해가 다르겠군요.

🗯 물론입니다.

🧑 가벼운 물체와 무거운 물체가 충돌하면 어떻게 됩니까?

좌충돌 박사는 증인석 앞에 비탈면을 세웠다. 그리고 골프공과 탁구공을 경사를 따라 굴렸다. 골프공과 탁구공이 비탈면을 내려가다 충돌했다. 골프공은 그대로 내려갔지만 탁구공은 원래의 길에서 벗어나 튀어 나갔다.

🗯 골프공은 무겁고 탁구공은 가볍습니다. 두 공이 경사를 내려오다가 충돌하면 무거운 골프공은 자신의 길을 그대로 유지하지만 가벼운 탁구공은 원래 내려오던 길을 이탈하게

됩니다.

그럼 어린아이와 몸무게가 100킬로그램 정도인 청년이 부딪치면, 어린아이의 눈썰매가 옆으로 튕길 수 있다는 이야기로군요.

그렇습니다. 질량이 큰 물체가 빠르게 움직인다는 것은 물리학적으로 큰 운동 에너지를 가진다는 얘기가 됩니다. 운동 에너지가 크면 위험하죠. 예를 들어 몸무게가 120킬로그램인 미식축구 선수가 전속력으로 질주해 어린아이와 부딪친다면… 어린아이를 죽일 수도 있으니까요.

그럼 충돌로부터 어린아이들을 보호하는 안전 관리 규정이 있습니까?

물론입니다. 저희 충돌 연구소가 정부에 건의하여 충돌의 요소가 있는 시설들에 대해 어린아이와 성인 전용 시설로 분리하게 했습니다.

구체적으로 어떤 곳인가요?

놀이동산에 가면 일부러 많이 부딪치는 범퍼 카가 있습니다. 그런데 어린아이가 혼자 타면 위험합니다. 어린아이의 범퍼 카가 어른이 탄 범퍼 카와 부딪치면 아이가 차 밖으로 튕겨 나갈 위험이 있습니다. 그래서 어린이용 범퍼 카와 성인용 범퍼 카를 분리했고, 스케이트장의 경우도 어린이 보호 구역을 만들었습니다.

눈썰매장도 그렇습니까?

물론입니다. 눈썰매장은 높은 곳에서 내려오면서 속도 감을 즐기는 곳입니다. 눈썰매를 타면 빠르게 내려오기 때문에 안전에 주의를 해야 하므로, 어린이들만 탈 수 있는 눈썰매장이 따로 설치되어 있습니다.

피즈 검사는 서류 한 장을 판사에게 건네주었다.

이것은 사고가 난 어린이용 눈썰매장의 입장에 대한 서류입니다. 서류에 나와 있듯이 사고가 난 눈썰매장은 만 10세 미만이 이용할 수 있는 곳입니다. 그럼에도 불구하고 만 20세 이상이면서 100킬로그램 이상의 거구가 눈썰매장을 이용하여 생긴 사고이므로, 두 청년에게 전적으로 책임이 있습니다.

판결합니다. 질량이 큰 물체가 빠른 속도로 움직일 때 그 물체의 운동 에너지가 크다는 것은 잘 알려진 사실입니다. 특히 눈썰매장은 경사가 있어서 매우 빠른 속력을 낼 수 있습니다. 그래서 항상 안전에 신경 써야 합니다.

그리고 같은 속력을 낸다 해도 질량이 큰 어른과 질량이 작은 아이가 충돌했을 때 아이가 더 큰 피해를 입습니다. 질량이 작을수록 관성이 작아 충돌 후 더 빠르게 움직이기 때문입니다. 만일 눈씽 리조트와 문제의 두 청년이 이러한 위험을 간과하지 않았다면 이번 사고는 일어나지 않았을 것입니다. 그럼에도 불구하고 두 청년에게 어린이 눈썰매장을 이용하게 한 눈씽 리조트에 일차적인 책임이 있습니다. 눈씽 리조트는 눈조아 군의 병원비 일체를 지불할 것을 판결합니다. 아울러 눈조아 군과 충돌해 큰 부상을 입게 한 두 청년에게도 책임이 있습니다. 두 청년은 눈조아 군이 퇴원할 때까지 매일 문병을 가서 재미있는 동화를 읽어줄 것을 판결합니다.

두 청년은 매일 병원에 가서 눈조아에게 재미있는 동화를 읽어 주었다. 시간이 흐를수록 눈조아는 두 청년을 형처럼 따르게 되었다.
눈조아가 퇴원하고 나서도, 두 청년은 눈조아와 함께 놀이동산에서 즐거운 시간을 보냈다.

# 자동차 충돌 사건

주차장에 세워 두지 않은 차를
파손하더라도 책임져야 할까

**사건
속으로**

대학생인 차조아는 두 학기 동안 열심히 아르바이트를 하여 신형 소형차 쪼그메를 구입했다. 쪼그메는 크기가 작고 배기량도 700cc인 2인승 자동차다. 하지만 자기가 번 돈으로 처음 마련한 자동차였기에 차조아는 쪼그메를 매우 아꼈다. 그는 여자 친구와 시승식을 하고 저녁 데이트를 즐겼다.

데이트를 마치고 차조아는 자신의 아파트에 도착했다. 이제 안전하게 주차해야지 했는데, 주차장에는 빈자리가 없었다. 저녁 늦은 시간이라서 주차장이 만원이었던 것이다.

할 수 없이 기어를 중립에 놓고 차를 밀고 당기는 구역에 주차했다.

다음날 아침, 차조아는 여자 친구와 여행을 가기 위해 아침 일찍 서둘러 집을 나왔다. 그런데 쪼그메를 본 순간 차조아는 경악을 금치 못했다. 쪼그메의 앞 범퍼가 심하게 파손되어 있었던 것이다. 아마도 누군가 쪼그메를 세게 밀어서 트럭의 뒷부분과 심하게 충돌한 탓인 것 같았다.

차조아는 사건의 진상을 알고 싶었다. 하지만 목격자가 없어 애를 태울 뿐이었다. 그때 경비원 아저씨가 차조아에게 다가왔다.

"차가 많이 깨졌어요. 혹시 누가 그랬는지 보셨어요?"

"아침에 경비실에서 모니터를 보고 있는데, 5동의 한힘세 씨가 당신 차를 밀고 있더군요."

"혹시 녹화 테이프 있습니까?"

"물론이죠. 경비실에 있을 거예요."

차조아는 경비실에서 녹화된 CCTV 화면을 보았다. 우람한 덩치의 한힘세가 자신의 쪼그메를 있는 힘껏 밀었고, 엄청난 속력으로 굴러간 쪼그메가 트럭과 충돌하는 장면이 녹화되어 있었다. CCTV를 본 차조아는 한힘세를 물리법정에 고소했다.

가벼운 차라고 함부로 밀지 마세요.
가벼울수록 관성이 작기 때문입니다.

새 차가 파손되어 차조아 씨가 속상하겠네요. 물리법정에서 무게에 따른 마찰에 대해 알아봅시다

**물리짱 판사**

**물치 변호사**

**피즈 검사**

 재판을 시작합니다. 피고 측 말씀하세요.

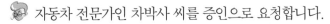 한힘세 씨가 차조아 씨의 소형차를 밀어 파손한 것은 사실입니다. 하지만 한힘세 씨의 차를 빼기 위해서는 차조아 씨의 차를 밀어야만 했습니다. 이때 차조아 씨의 차가 빠르게 움직인 것은 차가 너무 가벼워서 마찰력이 크지 않기 때문입니다. 약한 힘에도 잘 밀리는 차를 밀고 당기는 지역에 주차시킨 것은 잘못입니다. 따라서 사고의 원인을 제공한 차조아 씨에게 이번 사고의 책임이 있습니다.

원고 측 말씀하세요.

자동차 전문가인 차박사 씨를 증인으로 요청합니다.

머리가 희끗한 50대 남자가 증인석에 앉았다.

증인은 자동차 전문가시죠?

네, 자동차 연구를 30년 동안 했습니다.

기어를 중립에 놓은 자동차를 사람이 밀 때 차에 따라 밀리는 정도가 다르죠?

물론입니다. 무거울수록 잘 안 밀리죠. 그것은 물체가

무거울수록 관성이 크기 때문입니다.

관성이 크다는 건 뭐죠?

관성은 정지해 있는 물체에 힘을 작용할 때 물체가 정지 상태를 유지하려는 성질입니다.

그럼 가벼운 물체는 약한 힘을 작용해도 잘 움직이려고 하겠군요?

그렇습니다.

차박사 씨, 쪼그메라는 자동차는 어떤 자동차입니까? 이 차를 밀면 어떻게 됩니까?

중형차 무게의 절반밖에 안 되는, 세계에서 제일 가벼운 자동차입니다. 또한 정지해 있는 차를 밀면 다른 차들보다는 빠르게 움직이죠. 하지만 타이어와 지면 사이의 마찰이 있으니까 힘을 적당히 가하면 천천히 움직이게 할 수도 있습니다.

존경하는 재판장님, 자동차는 쪼끄메처럼 가벼운 차종을 비롯해 대형 트럭까지 차종이 다양합니다. 자동차의 주인은 자신의 차가 소형이든 대형이든 똑같이 자신의 차를 아낍니다. 만일 한힘세 씨가 쪼끄메가 가벼울 것이라는 것을 예측하여 천천히 밀기만 했어도 이번 일은 생기지 않았을 겁니다. 하지만 한힘세 씨는 그러한 고려를 하지 않고 있는 힘껏 쪼끄메를 밀었습니다. 큰 힘을 받은 쪼끄메가 힘에 비례해 생긴 가속도로 트럭과 부딪친 만큼, 이 사고의 책임은 한힘세 씨에게 있습니다.

🧑‍🦱 판결합니다. 최근 아파트 주차난은 심각합니다. 늦게 귀가하면 어쩔 수 없이 밀고 당기는 구역에 차를 주차시킬 수밖에 없습니다. 따라서 밀고 당기는 구역에 주차한 것은 잘못이 아닙니다. 한힘세 씨가 가벼운 물체는 관성이 작아 작은 힘을 받아도 운동 상태가 변한다는 점을 조금이라도 생각했다면 어땠을까요? 사이드 기어를 풀어 놓은 쪼꼬메를 그렇게 세게 밀지는 않았을 것입니다. 내리막길을 리어카로 내려갈 때는 앞에서 리어카가 빨리 내려가는 것을 막으면서 내려가야 하듯이, 가벼운 차를 밀 때는 다른 차와 부딪치지 않도록 천천히 밀어야 합니다. 그것이 함께 사는 사회의 물리학적 매너입니다.

그런데 한힘세 씨는 그런 매너를 지키지 않았습니다. 차조아 씨 차의 파손에 대해 한힘세 씨에게 전적으로 책임이 있다고 볼 수 있습니다. 그러므로 한힘세 씨가 차조아 씨 차의 수리 비용 일체를 지불할 것을 판결합니다.

차조아는 한힘세가 지불한 비용으로 차를 고칠 수 있었다. 그리고 아파트 사람들은 소형차를 밀 때 아주 천천히 밀게 되었다. 세게 밀면 다른 차와 키스하니까!

# 조용한 버스

급정거한 버스에서 다치면
보상받을 수 있을까

사건
속으로

사이언스 시티에서 생활하는 잘졸아 씨는 매일 버스로 출근한다. 평소 잠이 많은 잘졸아는 버스만 타면 꾸벅꾸벅 조는 버릇이 있었다.

사건이 발생한 날 저녁이었다. 잘졸아는 버스의 맨 뒷좌석에 앉아 책을 보다가 그만 잠이 들었다. 때마침 한참을 달리던 버스가 갑자기 급정차를 하였다. 그 순간 승객들이 앞좌석을 두 손으로 붙잡았다. 하지만 맨 뒷좌석에서 졸고 있던 잘졸아는 버스 앞으로 데굴데굴 굴러갔다.

급정거와 급출발을 하면 차 안의 사람들에게 위험합니다.
안전 운행에 필요한 관성의 원리를 알아봅시다.

그리고 잘졸아가 미처 일어나기도 전에 버스는 급출발을 했다. 균형을 잡지 못한 잘졸아는 넘어지면서 버스 좌석에 부딪쳤고 큰 부상을 입었다. 병원에 입원한 잘졸아는 자신의 부상이 기사의 난폭 운전 때문이라며 물리법정에 고소했다.

**여기는 물리법정**

버스 기사 아저씨, 그러게 좀 조심하셨어야죠. 물리법정에서 속도에 따른 관성의 변화에 대해 알아봅시다.

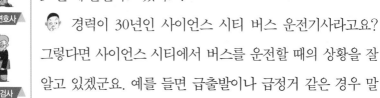

🧑‍⚖️ 피고 측 말씀하세요.

😊 증인의 직업을 말해주세요.

😎 버스 운전기사입니다. 사이언스 시티에서 30번 버스를 30년 째 운전하고 있지요.

😊 경력이 30년인 사이언스 시티 버스 운전기사라고요? 그렇다면 사이언스 시티에서 버스를 운전할 때의 상황을 잘 알고 있겠군요. 예를 들면 급출발이나 급정거 같은 경우 말이죠.

😎 급출발이나 급정거요? 안 할 수가 없죠. 사이언스 시티에서 한 번이라도 운전을 해본 사람이라면 제 말을 공감할 겁니다. 출근 시간이나 퇴근 시간엔 도로가 꽉 막혀 있죠. 제 시간에 차고지에 들어가기 위해서는 어쩔 수가 없어요. 제시

간에 차고지에 들어가지 않으면 벌금을 내야 하거든요. 그러다 보니 급출발이나 급정거를 하게 되죠.

주로 어떤 상황에서 급출발을 하게 됩니까?

신호 대기하면서 길게 늘어서 있을 때 앞차를 빨리 따라가지 않으면 신호를 여러 번 기다려야 합니다. 그럴 때 급출발을 많이 합니다.

존경하는 재판장님, 이런 도로 상황에서 버스가 급출발을 하는 일을 막기는 현실적으로 어렵습니다. 사이언스 시티 시민 잘졸아 씨는 이 점을 잘 알고 있음에도 불구하고 부주의했습니다. 따라서 난폭해 씨가 손해 배상을 할 필요가 없습니다.

원고 측 말씀하세요.

버스가 급출발, 급정거를 하면 얼마나 위험한지 알아보기 위해 관성 연구소의 김관성 박사를 증인으로 요청합니다.

김관성 박사는 롤러 슈즈를 신고 증인석 앞에서 급정거를 하다가 꽈당 넘어졌다. 그리고 부끄러운 얼굴로 증인석에 앉았다.

증인이 롤러 슈즈를 신고 오다니… 쩝쩝, 세상 많이 달라졌군.

관성 연구소는 뭘 하는 곳입니까?

물체의 관성에 대한 모든 연구를 하는 곳입니다.

관성 그게 뭔가요?

정지해 있던 물체는 계속 정지해 있으려고 하고 움직이는 물체는 움직이던 속도로 계속 움직이려는 성질이 있어요. 이것을 물체의 관성이라고 하죠.

눈으로 볼 수 있나요?

간단한 걸 보여 드리죠.

김관성은 빈 컵 위에 카드 한 장을 올려놓았다. 그리고 그 위에 동전을 올려놓았다.

지금 이 동전은 정지해 있습니다. 이제 동전을 컵에 떨어 뜨려 보겠습니다.

김관성은 손가락으로 카드를 튕겼다. 카드는 세차게 튀어 나갔고 동전은 컵 속으로 떨어졌다.

이게 바로 관성입니다. 동전을 받치고 있던 카드가 없어지니까 컵으로 떨어지는 거죠.

그럼 버스가 급출발, 급정거를 할 때 사람이 넘어지는

것도 관성과 관계가 있습니까?

🙂 물론입니다. 달리던 버스가 급정거를 하면 버스는 멈추지만 버스 안의 승객은 계속 앞으로 달리고 싶어 하는 관성을 가지게 됩니다. 그래서 앞으로 넘어지게 되는 것입니다.

👩 그럼 달리던 버스가 정거장에 멈출 때는 승객들이 관성에 의해 앞으로 쓰러져야 한단 말인가요?

🙂 관성은 속도의 변화에 대한 물체의 저항입니다. 짧은 시간 동안 속도의 변화가 크면 관성의 효과가 크게 나타나지만 속도의 변화가 작으면 관성의 효과가 작게 나타나지요. 자, 보여 드릴게요.

김관성 박사는 좀 전에 실험했던 종이컵에 카드를 다시 올려놓고 그 위에 동전을 올려놓았다. 그리고 카드를 아주 천천히 밀었다. 이번에는 동전이 컵 속에 떨어지지 않고 카드 위에 놓여 있었다.

👩 동전이 안 떨어지는군요.

🙂 그렇습니다. 천천히 움직이면 물체의 속도 변화가 작습니다. 그리고 동전이 제자리에 있고 싶어 하는 관성이 작아집니다. 그래서 컵 속으로 떨어지지 않는 거죠.

👩 이제 이해가 갑니다. 존경하는 재판장님, 버스는 정거

장에서 정차를 해야 합니다. 버스는 정지한 상태에서 움직이는 상태로, 움직이는 상태에서 정지 상태로 자주 변하게 됩니다. 만일 버스가 서서히 속도를 올려 출발하고 서서히 속도를 줄여 정차한다면, 승객들은 관성의 영향을 작게 받아 몸이 크게 움직이지 않을 것입니다.

하지만 급출발과 급정거를 하면 짧은 시간 동안 속도 변화가 매우 크기 때문에 승객들에게 관성의 효과가 나타날 겁니다. 승객들이 관성에 의해 앞으로 넘어지게 되므로 크게 다칠 수 있습니다. 따라서 잘졸아 씨의 부상은 운전기사의 급출발과 급정거가 원인입니다. 운전기사인 난폭해 씨에게 책임이 있다고 주장합니다.

이제 판결하겠습니다. 사이언스 시티의 도로 사정이 어려운 것은 사실입니다. 그러나 관성에 의한 사고로부터 시민들을 보호하는 것이 본 법정의 사명이라고 생각합니다. 앞으로 버스의 급출발, 급정거를 없애 관성으로 인한 부상이 더 이상 생기지 않도록 해야 합니다. 따라서 다음과 같이 판결합니다.

난폭해 씨가 급출발, 급정거를 한 것은 차고지에 버스를 제시간에 대지 못하면 벌금을 내야 하는 버스 회사의 규정 때문이라고 여겨집니다. 따라서 잘졸아 씨의 병원비는 난폭해 씨와 30번 버스 회사 대표인 김삼공 씨가 2대 8로 부담해야 합니다.

앞으로 사이언스 시티에서 버스의 급출발, 급정거를 없애기 위해, 향후 한 달 동안 30번 버스의 수익금 중 기사와 직원의 월급 및 비용을 제한 나머지 수익금 전액을 소년 소녀 가장을 위한 장학금으로 사용하도록 판결합니다.

이후 시내 모든 버스 회사 사장들은 기사들에게 천천히 출발하고 정차하라고 부탁했다.

이로써 사이언스 시티에서 난폭 운전을 하는 버스는 한 대도 발견할 수 없었으며, 승객들은 버스에서 잠이 잘 들어서 버스 정거장을 지나치는 일이 자주 벌어졌다.

한 달 후, 사이언스 시티의 소년 소녀 가장들은 버스 회사로부터 장학금을 받았다.

# 물체의 고집 (관성)

사람에게는 버릇 또는 고집이 있지요? 그런데 물체에게도 고집이 있답니다. 그것을 관성이라고 하지요. 자! 우선 관성에 대해 알아볼까요?

⭐ **관성:** 정지해 있는 물체는 정지 상태를 그대로 유지하고 싶어 하고, 움직이고 있는 물체는 그 속도를 그대로 유지하고 싶어 하는 성질

관성이란 게으름뱅이의 성질이군요! 게으름뱅이는 한 번 누워 있으면 일어나는 걸 싫어하니까요.

관성과 관계있는 물리량은 뭘까요? 그건 바로 질량이지요. 결론부터 얘기하면 무거울수록 관성이 큽니다. 무거울수록 변화를 싫어하지요. 참! 뱃살이 나온 아저씨들도 움직이는 걸 싫어하지요.

롤러 스케이트장에서 무거운 사람과 가벼운 사람을 같은 힘으로 뒤에서 밀어 보세요. 가벼운 사람은 빠르게 움직이지만 무거운 사람은 천천히 움직일 거예요! 왜냐하면 무거운 사람의 관성이 크기 때문이랍니다. 무거운 사람이 가벼운 사람보다 정지 상태로 있고 싶어 하는 고집(관성)이 더 세니까요.

정말 그럴까요? 그렇다면 다음 실험을 해봅시다. 우선 두 개의

공을 준비하세요. 하나는 무거운 쇠공으로 다른 하나는 가벼운 고무공으로요. 두 공을 용수철의 양 끝에 매답시다. 그리고 용수철을 압축시켰다가 놓으세요.

어라! 무거운 공은 제자리에 있고 가벼운 공만 움직이는군요! 그렇습니다. 무거운 공은 관성이 커서 움직이기 싫어합니다.

이제 관성에 대해 아시겠죠?
용수철을 놓으면 관성이 작은 탁구공이 많이 튀어 나갑니다.

관성이 크면 정지해 있다가 움직이기 싫어하지요? 그럼 반대로 움직이고 있다가 멈추기도 힘들어질까요? 그렇습니다. 관성은 운동 상태의 변화를 싫어하는 정도이니까요. 무거운 물체는 관성이 커서 빠른 속도로 움직이다가 갑자기 멈추기 힘듭니다. 하지만 가벼운 물체는 쉽게 멈출 수 있어요. 아하! 그래서 무거운 배는 바다 멀리서부터 엔진을 끄고 부두에 들어오는 거군요!

# 우리 몸에도 전기가 흐를까

# 위풍당당 스타킹

정전기로 인해 컴퓨터가
고장 날 수 있을까

**사건
속으로**

한몸매는 대학을 갓 졸업하고 인터넷 쇼핑 몰 회사에 취업한
인턴 사원이다. 그녀는 우수한 성적으로 입사하였기 때문에
잘팔아 인터넷 쇼핑 몰에서 거는 기대가 컸다.

한몸매가 예쁜 치마를 입고 첫 출근을 하는 날이었다. 그녀
는 다리가 예뻐서 치마를 즐겨 입었다. 바지를 입는 편보다
치마를 입는 편이 더 어울리기 때문이었다. 그래서 한겨울인
데도 불구하고 얇은 나일론 스타킹을 신고 출근을 하였다.

잘팔아 쇼핑 몰의 사무실에서는 쾌적한 환경을 유지하고자

실내화를 신게 했다. 그러나 한몸매는 미처 실내화를 준비하지 못했다. 그녀는 맨발로 자신의 자리까지 이동하였다.

마침 인터넷 쇼핑 몰에서는 히트 상품의 반응이 좋아 주문이 쇄도하고 있었고, 돈많아 사장이 사장실에서 나와 직원들의 사기를 북돋아 주고 있었다. 긴장한 한몸매는 소리를 내지 않기 위해 바닥에 발을 붙이고 미끄러지듯이 지나갔다.

그녀가 서버 컴퓨터 주위로 지나갈 때였다. 순간 미끄러지려고 해서 넘어지지 않으려고 서버 컴퓨터를 손가락으로 만졌다. 그 순간 서버 컴퓨터가 작동을 멈추고 쇼핑 몰은 중단되었다. 돈많아 사장의 표정이 순간 일그러졌다.

그날 사고로 잘팔아 쇼핑 몰은 대박의 기회를 놓치게 되고, 고장 난 서버 컴퓨터를 새 컴퓨터로 교체하는 데도 적지 않는 비용이 들었다.

다음날, 다행히도 잘팔아 쇼핑 몰의 상품 주문이 다시 날개돋친 듯 쇄도했다. 한몸매는 회사 안을 스타킹을 신은 채로 바쁘게 돌아다녔다. 그리고 서버 컴퓨터에 자료를 입력하기 위해 손을 갖다 대었다. 그런데 갑자기 서버 컴퓨터가 고장을 일으켰다.

이런 식으로 일주일이 흐르자 돈많아 사장은 한몸매를 의심했다. 한몸매가 컴퓨터의 고장과 관련 있다고 생각하고 그녀를 해고하였다.

두 물체를 마찰시키면 한 물체에서 다른 물체로 전자가 이동합니다.
이렇게 해서 정전기가 생기게 됩니다.

한몸매는 해고가 부당하다고 생각했다. 자신의 부당 해고에 대해 돈많아 사장을 물리법정에 고소했다.

여기는
물리법정
정전기로 인해 컴퓨터가 고장 날 수도 있군요. 물리법정에서 정전기에 대해 알아봅시다.

 원고 측 말씀하세요.

 이 사건은 물리적인 사건은 아닌 것 같습니다. 단지 한몸매 씨가 스타킹을 신고 사무실을 돌아 다녔다고 해서 컴퓨터가 고장 난다는 것은 있을 수 없는 일입니다. 아마도 컴퓨터는 다른 원인으로 고장 났을 것입니다. 따라서 부당하게 해고되었으므로 한몸매 씨의 복직을 주장합니다.

음, 과연 그럴까요?

그럼 스타킹하고 전기 사이에 관계가 있다는 건가요?

 물론이죠. 재판장님, 국내 최고의 전기 연구가인 정전기 박사를 증인으로 채택합니다.

캐주얼 복장을 한 40대 초반의 정전기 박사가 증인석에 앉았다.

증인은 전기 연구가죠?

네, 저는 마찰에 의해서 발생하는 정전기를 연구하고 있습니다.

겨울철에 차 문을 열 때 찌릿찌릿 하는 그 정전기 말인가요?

그렇습니다.

정전기에 대해 더 쉽게 설명해 주실 수 있습니까?

정전기는 증인석에서 고무 풍선을 불었다. 그리고 풍선을 자신의 털옷에 대고 문지르기 시작했다. 고무 풍선을 들고 가서 벽에 붙였다. 놀랍게도 풍선이 벽에 달라붙었다.

이것이 바로 정전기입니다. 모든 물질은 원자로 이루어져 있습니다. 원자 속에는 무거운 원자핵과 그 주위를 빙글빙글 도는 전자들이 있지요. 그러니까 고무 풍선과 제 털옷 속에도 많은 전자들이 있었을 겁니다. 이 두 물체를 마찰시키면 어느 한 물체에서 다른 한 물체로 전자가 이동합니다. 그러면 전자를 더 얻은 물질은 음의 전기를 띠게 되고 전자가 도망간 물질은 양의 전기를 띠게 됩니다. 이렇게 생긴 전기를 마찰 전기 또는 정전기라고 하죠.

그럼 한몸매 씨가 스타킹을 신고 바닥을 걸어 다니면

정전기가 생길 수 있겠군요?

🗣 그렇습니다. 나일론 스타킹을 신고 바닥을 걸어 다닌다면 그 사람의 몸에는 일정량의 정전기가 모이게 됩니다.

🗣 그래요? 어느 정도 모이게 됩니까?

🗣 그건 얼마나 많이 걸어 다녔는지, 또 사무실이 얼마나 건조했는지에 따라 달라집니다. 음, 많이 모일 경우에는 건전지 수천 개를 연결했을 때만큼의 전기를 만들 수 있습니다.

🗣 대단하군요. 그럼 전기가 쌓인 상태에서 컴퓨터 주변으로 걸어 다니면 컴퓨터가 고장을 일으킬 수도 있겠군요?

🗣 물론입니다. 심할 경우에는 화재까지 일으킬 수 있습니다.

🗣 화재라니요?

🗣 실제로 일어났던 사건입니다. 유조선의 선원이 고무 장화를 신고 갑판에서 일하다가 선실로 들어가 문고리를 만지는 순간, 불꽃 방전이 일어나 유조선이 불붙은 일도 있습니다. 그래서 유조선의 선원들은 고무 신발 대신 정전기가 안 일어나는 신발을 신습니다.

🗣 이상입니다. 스타킹과 바닥이 마찰해 한몸매 씨의 몸에 강한 전기가 생겼습니다. 이로 인해 컴퓨터가 고장을 일으켜 인터넷 쇼핑 몰이 피해를 입었습니다. 따라서 한몸매 씨의 해고는 정당합니다.

판결하겠습니다. 대부분의 직장 여성은 정장 차림으로 출근할 때 스타킹을 신습니다. 그리고 스타킹과 바닥의 마찰에 의해 정전기가 많이 발생할 수 있습니다. 특히 겨울철에 실내가 건조할 경우 더더욱 그렇습니다. 하지만 이 사실을 한몸매 씨도 돈많아 씨도 몰랐습니다. 강한 전기를 띤 한몸매 씨로 인해 서버 컴퓨터가 고장 날 수 있다는 것을 몰랐습니다. 따라서 한몸매 씨에게 전적인 책임이 없습니다.

그러므로 스타킹의 정전기에 대비를 못한 돈많아 씨가 한몸매 씨를 해고한 것은 바람직하지 못합니다. 한몸매 씨를 복귀시키기 바랍니다.

한몸매는 다시 출근할 수 있었다. 그리고 더 이상 서버 컴퓨터가 고장 나지 않게 되었다. 설령 전기가 고여도 금방 바닥을 통해 흘러 나가게 했다. 그리고 한몸매가 기획한 전기 방지 스프레이가 인터넷 쇼핑 몰에서 대박을 터뜨리게 되었다.

**고장 난 전구를 찾아서**

여러 개의 전구를 연결할 때는
어떤 방식이 좋을까

화목해 씨의 가정은 행복했다. 그는 초등학교 1학년인 쌍둥이 두 아들과 아내와 함께 전원주택에 살고 있었다. 화목해는 아내와 함께 식당을 열심히 운영했고 이번에 처음으로 집을 사게 된 것이다.

화목해는 새집에서 가족과 친구들을 위한 이벤트를 하고 싶었다. 마침 이번 주 토요일이 크리스마스이브였다. 화목해 씨는 친구들의 가족을 초대해 집 마당에서 멋진 크리스마스 파티를 계획했다.

화목해는 마당의 나무들과 집의 지붕을 작은 꼬마전구 불빛들로 수놓기 위해 2만 개의 전구가 달린 전선을 준비했다. 그래서 평소 잘 아는 전기 가게에 갔다. 그 가게의 주인은 같은 마을에 사는 무식해였다.

집으로 돌아온 화목해는 본격적으로 크리스마스 파티를 준비했다. 마당에 커다란 트리를 심고 바비큐 파티를 할 수 있는 테이블을 여러 개 마련해 놓았다. 이제 나무에서 지붕으로 이어지는 2만 개의 전구를 걸쳐 놓는 일만 남았다.

때마침 전기 가게에서 무식해가 2만 개의 전구가 달려 있는 전선을 가지고 왔다. 화목해와 무식해는 전구가 달린 전선을 지붕을 통해 나무 사이에 걸쳐 놓았다.

드디어 손님들이 오기 시작했다. 화목해는 전구의 스위치를 올렸다. 2만 개의 전구들이 동시에 켜지자 마치 별들이 지붕과 나무에 걸려 있는 듯했다. 화목해는 아주 흡족해했다.

그러나 잠시 후 2만 개의 전구가 동시에 꺼지고 어둠이 짙게 깔렸다. 화목해의 표정이 일그러졌다. 2만 개의 전구 중 어느 하나가 끊어진 것 같았다. 하지만 어느 전구가 끊어진 전구인지를 알아낼 수는 없었다.

화목해는 어쩔 수 없이 야외 파티를 취소했다. 손님들을 집 안으로 들어가게 하여 크리스마스 파티를 하였다. 파티는 순조롭게 진행되었지만 화목해의 기분은 그리 좋지 않았다. 처

2만 개의 전구 중 고장 난 전구를 찾을 수 없을까요?
직렬 연결과 병렬 연결의 차이를 알아봅시다.

음으로 장만한 전원주택에서 야외 크리스마스 파티를 할 수
없었기 때문이었다.

크리스마스 파티가 끝나고 나서도 화목해의 기분은 풀어지
지 않았다. 결국 우울증에 걸린 화목해는 전구를 제작한 무
식해를 물리법정에 고소했다.

**여기는
물리법정**

저런 전구 2만 개를 어느 세월에 찾을까요? 전구를 쉽게 찾을 수
있는 방법은 없을까요? 물리법정에서 직렬 연결과 병렬 연결에 대
해 알아봅시다.

물리짱 판사

물치 변호사

피즈 검사

피고 측 말씀하세요.

무식해 씨를 증인으로 채택합니다.

무식해가 증인석에 앉았다.

화목해 씨가 전구 2만 개가 달린 전선을 만들어 달라고
했죠?

네, 저는 주문한 대로 2만 개의 꼬마전구를 전선에 연결
했고 크리스마스이브 날 화목해 씨의 집에 설치를 해 주었습
니다.

무식해 씨는 전구 가게를 오랫동안 운영해 온 전문가입니다. 그리고 화목해 씨의 주문대로 며칠 동안 잠도 못 자면서 꼬마전구 2만 개를 전선에 연결했습니다. 따라서 전구가 꺼진 책임까지 무식해 씨가 감당해야 한다는 것은 부당합니다.

피즈 검사는 말씀하세요.

증인은 2만 개의 전구를 연결해 본 적이 있습니까?

아니요, 처음 만들어 보았습니다.

그럼 다른 회사에서는 어떻게 전구를 연결하여 만드는지 모르겠군요?

하지만 저는 전기장이 생활만 30년입니다. 전구를 전선에 연결하는 것은 그리 어려운 일은 아닙니다. 그리고 화목해 씨의 전구에 연결한 것들은 전부 새 꼬마전구였습니다. 헌 꼬마전구는 하나도 사용하지 않았습니다.

꼬마전구를 모두 직렬로 연결했습니까?

네….

전구를 연결하는 방법으로 직렬 연결만 있습니까?

아니죠. 직렬도 있고 병렬도 있고 직렬과 병렬을 함께 사용하는 혼합 연결 방식도 있죠.

좋습니다. 재판장님, 전구 수만 개를 연결하여 대형 백화점에 납품하는 전기트리 주식회사의 설계과장인 연결해 씨를 증인으로 채택합니다.

깔끔한 양복 차림을 한 30대 초반의 남자가 증인석에 앉았다.

증인의 회사에서는 최대 몇 개의 전구까지 연결한 적이 있습니까?

저희는 기계화되어 있기 때문에 자동으로 전구가 붙어 있는 전선을 만들어 낼 수 있습니다. 최근에는 15만 개의 꼬마전구가 매달려 있는 전선을 대형 백화점에 납품한 적이 있습니다.

만일 전구 하나가 꺼지면 새로 15만 개의 전구를 다시 납품하나요?

그건 무식한 방법이죠. 수만 개의 전구를 직렬로 연결하면 한 개의 전구가 끊어져도 모든 전구가 끊어지게 됩니다. 이것이 바로 직렬 연결의 문제점이죠. 하지만 병렬로 연결하면 상황이 달라지죠. 병렬로 연결하면 전구 하나가 끊어진다 해도 다른 전구 쪽으로 전류가 흘러 들어갈 수 있어서 불이 꺼지지 않죠.

그렇습니다. 꼬마전구는 쉽게 끊어질 수 있습니다. 그런 사실을 알면서도 2만 개의 꼬마전구를 직렬로 연결한 것에 문제가 있습니다. 한 개의 전구가 끊어져 전체의 전구를 꺼지게 한 무식해 씨의 잘못입니다. 전구 서너 개를 직렬로 연결할 수는 있습니다. 꺼진 전구가 어느 전구인지를 찾기

쉬울 테니까요. 하지만 2만 개의 전구 중에서 꺼진 전구를 찾는 것은 모래사장에서 바늘 찾기가 될 것입니다. 따라서 화목해 씨의 크리스마스 야외 파티를 망치게 한 원인이 무식해 씨에게 있다고 주장합니다.

판결합니다. 전구 2만 개를 직렬로 연결했을 때 꺼진 전구를 찾는다는 것은 바닥에 떨어진 콘택트렌즈를 찾는 일보다 힘든 일입니다. 그로 인해 야외 크리스마스 파티를 망친 점을 인정하고 싶습니다. 따라서 전구의 연결 방식에 대해 몰라서 이런 실수를 범한 무식해 씨에게 책임이 있습니다. 무식해 씨는 화목해 씨의 요구대로 전구 2만 개의 비용을 돌려주고, 크리스마스 파티를 망치게 한 점에 대해 사과할 것을 판결합니다.

무식해는 화목해에게 전구의 값을 되돌려 주었다. 무식해는 다음해 크리스마스에 화목해를 위해 전구 2만 개를 병렬로 연결하여 멋진 장식을 했다. 물론 이 공사는 무료로 해 주었다. 화목해는 친구들과 무식해를 불러 야외 크리스마스 파티를 치렀다. 그리고 전구의 값을 받지 않으려고 하는 무식해에게 억지로 돈을 건네주었다.

# 전기가 뺏어 간 아이

아이의 부주의로 감전당해도
보상받을 수 있을까

**사건
속으로**

하나만 씨는 결혼 20년이 되었지만 아이가 없었다. 아내는
아이를 입양하자고 했지만 하나만은 아이에 대한 미련을 버
릴 수 없었다.

그러던 어느 날 하나만이 집에 들어왔을 때 아내가 우울한
표정으로 텔레비전을 보고 있었다. 하나만의 아내는 아이가
엄마와 사랑스럽게 대화하는 드라마 장면을 보고 있었던 것
이다. 하나만은 오락 프로그램으로 채널을 돌렸다. 그리고
아내가 좋아하는 치즈 스틱을 간식으로 만들었다. 그때 치즈

스틱을 손으로 집으려던 아내가 갑자기 헛구역질을 했다.

"자기! 혹시?"

하나만은 놀란 눈으로 아내에게 물었다.

"글쎄요…."

아내는 자신 없는 표정을 지었다. 그러나 아내의 임신은 확실했다.

하나만은 새로 태어날 아이와 새집에서 살 작정으로 아내의 출산에 맞춰 새 아파트를 얻었다. 작은 평수의 깔끔한 아파트였다.

기다리고 기다리던 예쁜 아기가 태어났다. 아이와 하루하루를 행복하게 지내던 하나만의 집에는 행복이 멈추지 않을 것 같았다. 하지만 아이의 돌잔치가 끝나고 그들 부부에게는 일어나서는 안 될 비극적인 사건이 발생했다.

첫돌을 마치고 엉금엉금 기어 다니던 아이가 물 묻은 손으로 젓가락을 쥔 것이 화근이었다. 엄마가 잠시 우유를 타는 사이에 쥐고 있던 젓가락을 콘센트 구멍에 꽂은 것이었다. 아이는 전기 감전으로 그 자리에서 죽고 말았다.

"어떻게 태어난 아이인데…."

하나만은 통곡을 하며 아이의 장례를 치렀다.

며칠 후 아이의 죽음이 아직도 믿어지지 않는 하나만 부부는 아이의 죽음이 콘센트를 너무 낮은 위치에 설치했기 때문이

전기는 우리 생활에 꼭 필요하지만 위험하기도 합니다.
전류와 전압에 대해 알아보고 감전 사고를 예방합시다.

라고 여겼다. 결국 아파트의 전기 시설 공사를 맡은 전기 불
안 공사를 물리법정에 고소했다.

여기는
물리법정

저런, 끔찍한 비극이군요. 우리 주위에서도 크고 작은 전기 사고
가 많이 일어나는데요. 물리법정에서 전류와 저항에 대해 알아봅
시다.

물리짱 판사

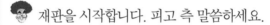 재판을 시작합니다. 피고 측 말씀하세요.

 전기 불안 공사의 아파트 전기 배선 연구원인 아무데
씨를 요청합니다.

물치 변호사

깔끔한 작업복 상의를 걸쳐 입은 30대 후반의 남자가 증인석
에 앉았다.

피즈 검사

증인이 하는 일을 간단히 말해 주세요.

저는 아파트의 전기 배선과 콘센트의 위치를 결정하는
일을 하고 있습니다.

좋습니다. 통상적으로 아파트에서 콘센트는 어디에 설
치하나요?

과거에는 전기 제품을 그리 많이 사용하지 않았지만 요

즘은 전기 제품이 많아 콘센트를 좀 더 많이 설치하고 있습니다. 그리고 아파트에 입주하는 사람들마다 가구를 다르게 배치해서 적당한 위치에 설치하고 있습니다.

그럼 사용자들이 콘센트의 위치에 맞춰 가구를 배치하겠군요?

꼭 그렇지는 않습니다. 요즘은 멀티 탭을 써서 가구 뒤를 통해 먼 곳까지 연결할 수 있으니까요.

지금 들으신 대로 콘센트의 위치를 입주자의 가구 배치에 맞출 수는 없습니다. 그리고 콘센트의 위치는 과거에 했던 대로 벽면의 적당한 곳에 설치해 두었던 것입니다. 이번 사건의 원인은 아이가 물 묻은 손으로 젓가락을 만지게 방치한 부모에게 책임이 있습니다. 전기 불안 공사의 무죄를 주장합니다.

원고 측 말씀하세요.

증인으로 전기 감전 연구소의 감전사 씨를 요청합니다.

전선이 달린 건전지를 손에 든 40대 후반의 남자가 증인석에 앉았다.

증인이 하는 일은 뭐죠?

전기에 의한 감전으로 사람이 다치거나 죽었을 때 그

원인에 대해 조사하는 일을 하고 있습니다.

🧑‍🦳 그렇다면 하나만 씨 아들의 감전사에 대한 조사도 하셨지요?

🧑 그렇습니다.

🧑‍🦳 감전이라는 게 뭡니까? 또 감전이 되면 왜 죽는 겁니까?

🧑 우선 사람의 몸이 전류를 잘 통하는 도체라는 것을 아셔야 합니다. 사람의 몸에 전압이 연결되면 몸의 저항에 따라 몸에 흐르는 전류의 세기가 달라집니다.

🧑‍🦳 조금 어렵군요.

🧑 네, 그게 바로 옴의 법칙이라는 거죠. 어떤 건전지에 전구를 연결했다고 해보세요. 그럼 전구의 저항이 생겨요. 저항은 전류가 흐르는 걸 방해하죠. 하지만 전구는 그 저항으로 인해 생긴 에너지로 빛과 열을 내요. 이렇게 저항과 전압이 도선에 의해 연결되어 있을 때, 전압은 전구의 저항과 전류의 곱이라는 것이 물리학자 옴이 발견한 법칙이죠.

🧑‍🦳 아하, 그래서 저항의 단위를 옴이라고 쓰는군요.

🧑 그렇습니다.

🧑‍🦳 그럼 전압이 일정할 때 저항이 작으면 센 전류가 흐르겠군요?

🧑 그렇습니다, 시범을 보이죠. 검사님! 혀를 쭉 내미시고

눈을 감으세요.

피즈는 방청석을 힐긋 보더니 박사의 말대로 혀를 내밀었다. 박사는 건전지를 연결한 전선을 피즈의 혀 위아래에 연결시켰다. 순간 피즈는 비명을 질렀다.

아야!

그게 바로 혀에 흐르는 전류입니다. 지금 1.5볼트짜리 건전지로 연결했으니까 그 정도지, 전압이 더 세지면 죽을 수도 있죠.

무서운 일이군요. 그럼 아이의 죽음의 원인은 아이가 쇠 젓가락을 콘센트에 꽂는 순간, 아이의 몸이 220볼트의 전압과 연결되어 강한 전류가 몸속에 흘렀기 때문이군요.

그렇습니다. 사람의 몸은 저항이 십만 옴 정도로 크지만 몸에 물이 묻으면 저항이 천 옴 정도로 작아집니다. 이렇게 저항이 작을 때 높은 전압과 연결되면 큰일입니다. 센 전류가 갑자기 몸으로 흘러 사람이 죽을 수 있죠.

고맙습니다. 존경하는 재판장님, 우리나라는 주위의 선진국들에 비해 전력 사정이 그리 좋지 않습니다. 그래서 가정용 전압으로 선진국의 두 배 이상인 220볼트를 사용하고 있습니다. 감전사 박사의 말씀처럼 사람의 몸은 저항이 클

때도 있지만 물에 묻어 저항이 아주 작아질 때도 있습니다. 이때 아무것도 모르는 아기가 젓가락을 콘센트에 꽂아 죽었다면, 이것은 그런 사고가 일어날 수 있음에도 불구하고 대비하지 못한 전기 불안 공사에게 책임이 있습니다. 따라서 전기 불안 공사의 과실입니다.

판결하겠습니다. 물치 변호사와 피즈 검사의 말에는 모두 일리가 있지만 우리는 판결에 앞서 하나만 씨의 아들이 얼마나 소중한 존재였는가를 이해해야 할 것입니다. 사람의 몸이 220볼트의 전압에 연결되면 얼마나 위험한지는 누구나 알고 있는 사실일 것입니다.

저는 선진국의 아파트를 둘러보았을 때 우리 공화국과 다른 점을 발견했습니다. 그것은 콘센트 구멍을 닫고 있는 덮개가 있었다는 것입니다. 물론 간단한 장치이지만 전기 불안 공사가 이런 장치를 부착하지 않은 것은 잘못입니다.

하지만 우리나라 가정에 덮개가 있는 콘센트가 거의 없다는 점을 감안해야 합니다. 아이가 쉽게 쇠 젓가락을 만지도록 방치해 둔 아이의 어머니에게도 그 책임을 묻지 않을 수 없습니다. 따라서 전기 불안 공사와 아이의 어머니 모두의 책임입니다.


전기 불안 공사는 하나만 부부에게 아이의 죽음에 대해 진심으로 사과하고 보상금을 주었다. 1년 후 하나만의 아내는 다시 아이를 가졌다. 그때 하나만이 제일 먼저 한 일은 콘센트를 아이의 손이 닿지 않는 높은 곳에 달고, 콘센트에 덮개를 설치한 것이었다.

# 찌릿찌릿 마찰 전기(정전기)

건조한 겨울에 털옷을 입고 자동차 문을 열면 찌릿찌릿 하는 전기를 느끼죠? 이런 전기를 마찰 전기라고 합니다. 마찰에 의해 전기가 생기니까요.

자! 그럼 본격적으로 마찰 전기에 대해 알아볼까요? 참! 마찰 전기는 다른 이름이 있어요. 뭐냐고요? 바로 정전기랍니다. 여러분에게 마찰 전기보다 정전기라는 말이 귀에 더 익숙하죠? 근데

정전기는 전기가 한 곳에 머물러 있어서 생깁니다.
반대로 도선을 따라 움직이는 전기를 전류라고 합니다.

왜 정전기라고 했을까요? 도선을 따라 흐르는 전기가 아니라 한 곳에 머물러 있는 전기이기 때문이에요. 하지만 도선을 따라 움직이는 전기도 있어요. 그것을 전류라고 부릅니다.

● 전기의 남과 여

근데 왜 찌릿찌릿 전기가 통하는지 모르겠다고요? 물체와 물체가 마찰하면 두 물체가 전기를 띱니다. 그런데 전기에는 ⊕전기와 ⊖전기의 두 종류가 있어요. 사람도 두 종류가 있지요? 남자와 여

부호가 서로 같은 전기끼리는 밀어냅니다.
부호가 서로 다른 전기끼리는 끌어당깁니다.

자가 있으니까요. 물체와 물체가 마찰되면 둘 중 하나는 ⊕전기를 띠고 나머지 하나는 ⊖전기를 띱니다. 그런데 전기를 띤 물체들 사이에는 다음과 같이 힘이 작용하지요.

★ **⊕전기와 ⊕전기 또는 ⊖전기와 ⊖전기**
부호가 같은 전기를 띤 물체와 물체 사이에는 서로 밀어내는 힘이 작용합니다.

★ **⊕전기와 ⊖전기**
부호가 서로 반대인 전기를 띤 물체와 물체 사이에는 서로 끌어 당기는 힘이 작용합니다

아하! 그럼 두 물체가 서로 마찰하면 하나는 ⊕전기를 띠고 다른 하나는 ⊖전기를 띠니까 두 물체 사이에 서로 끌어당기는 힘이 작용하겠군요! 그렇습니다. 이것이 바로 정전기의 효과입니다.

여자들은 겨울철 건조한 날 합성 섬유로 된 치마를 입고 갈 때 조심해야 합니다. 그 이유는 뭘까요? 치마와 스타킹이 마찰을 일으켜 치마가 스타킹에 붙어 돌돌 말아 올라갈 수 있기 때문이에요. 윽! 창피! 그러니까 겨울철에 치마를 입을 때 조심합시다!

# 질량과 무게는 어떻게 구별해야 하나

# 차력사의 실수

배 위에 돌을 올려놓고
해머로 내리쳐도 괜찮을까

**사건
속으로**

못말려 차력팀은 일 년 내내 전국 순회 공연을 하는 아주 인기 있는 차력팀이다. 해머맨은 이들 멤버 중 가장 유명하다. 해머맨은 공연할 때마다 관객과 함께하는 차력 쇼를 마련하였다.

사건이 있은 그날, 나노 시티에서 공연이 있었다. 평소 몸이 허약하여 힘센 사람을 보면 부러워하는 회사원 힘없어 씨는 회사를 마치고 곧장 공연장으로 향했다. 못말려 차력팀의 명성 때문인지 입구에는 많은 사람들이 길게 줄 서 있었다.

드디어 공연이 시작되었다. 맨 앞자리에 앉은 힘없어는 불쇼, 칼쇼 등의 차력을 가까이 볼 수 있었다. 드디어 가장 인기 있는 차력사 해머맨이 커다란 해머를 들고 무대에 나타났다.

"해머맨입니다. 오늘 공연은 정말 무시무시한 공연이 될 것입니다."

해머맨의 말이 떨어짐과 동시에 관중들이 긴장했다. 다시 해머맨의 말이 이어졌다.

"자, 그럼 저를 도와줄 분을 무대로 모시겠습니다. 자, 나와주세요."

잠시 관중석에 침묵이 흘렀다. 해머맨이 들고 있는 커다란 해머에 모두들 겁을 먹은 것 같았다. 해머맨은 맨 앞에 앉아 있는 힘없어를 가리키며 말했다.

"앞으로 나오세요. 안전하니까 걱정하지 마시라니까요."

해머맨이 부드럽게 말했다. 힘없어는 주위를 이리저리 둘러보다가 어쩔 수 없다는 표정으로 무대로 나갔다. 힘없어의 가느다란 다리는 후들거리고 있었다.

"자! 여기 누우세요."

해머맨이 시키는 대로 무대에 누웠다. 해머맨은 커다란 돌을 힘없어의 배에 올려놓았다. 힘없어는 돌의 무게 때문에 힘들어 했다.

"자! 이제 제가 해머로 이 사람의 배 위에 있는 돌판을 깨뜨리겠습니다. 물론 이렇게 나와 주신 분을 다치게 할 수는 없겠죠?"

해머맨의 한마디 한마디에 관중들이 박수로 답했다. 하지만 겁에 질린 힘없어의 귀에는 아무 소리도 들리지 않았다. 빨리 이 순간이 지나가기만을 기다릴 뿐이었다.

드디어 조명이 어두워지면서 해머맨이 해머를 공중에 휘두르기 시작했다. 음악 소리가 점점 커지고 해머를 돌에 내리쳤다.

그러나 돌은 깨지지 않았다. 힘없어의 짧은 비명 소리가 들리자마자 그는 기절했다. 무거운 돌에 배를 눌려 순간적으로 질식한 것이다.

이 사고로 병원에서 치료를 받은 힘없어는 못말려 차력팀을 물리법정에 고소했다.

이번 사고의 원인은 물체의 질량에 있습니다.
돌판과 해머의 질량 차이가 크지 않다는 데 실마리가 있어요.

겁 많은 힘없어 씨 고생하시는군요. 물리법정에서 물체의 충돌과 운동 상태에 대해 알아봅시다.

피고 측 말씀하세요.

해머맨 씨를 증인으로 신청합니다.

우락부락한 모습에 근육질 덩어리의 해머맨이 증인석에 앉았다.

증인은 이 공연이 처음입니까?

아닙니다. 지금까지 백 번도 넘게 했습니다.

그럼 지금처럼 사고가 난 적이 있습니까?

있었다면 제가 이 공연을 했겠습니까? 처음 있는 일입니다.

존경하는 재판장님, 차력사 해머맨 씨는 이런 공연을 백여 차례 해 왔고 한 번도 사고가 없었습니다. 질량이 작은 해머와 질량이 큰 돌이 부딪치면 가벼운 해머는 관성이 작아 운동 상태가 많이 변합니다. 반면 무거운 돌은 관성이 커서 운동 상태가 작게 변합니다. 그러니까 가벼운 해머로 힘없어 씨의 배 위에 있는 무거운 돌을 쳤을 때 돌은 많이 움직이지 않습니다. 그리고 돌 밑에 있는 힘없어 씨는 다치지 않습니다.

그런데 이런 사고가 일어난 것은 힘없어 씨가 몸을 움직였기 때문일 것입니다.

🧑‍🦱 원고 측 말씀하세요.

피즈가 당시 공연에 쓰였던 해머를 두 손으로 낑낑대며 들고 나왔다.

🧑‍🦱 피즈 검사, 그게 뭡니까?

👵 증거 자료입니다. 당시 공연 때 해머맨 씨가 사용한 해머입니다. 해머맨 씨, 이 해머가 당신이 사용한 해머가 맞죠?

🧑 네.

👵 그럼 지금까지 공연할 때 항상 이 해머를 사용했습니까?

🧑 아니요, 전에 쓰던 해머가 너무 작다고 단장님이 큰 해머를 새로 구입했습니다.

👵 그럼 이 해머는 그날 공연 때 처음 사용한 거군요?

🧑 네.

👵 들고 오세요.

피즈는 문 쪽에 있는 조수들에게 뭔가를 들고 오라고 했다. 법정 앞에 저울과 당시 공연 때 사용한 해머와 돌이 놓여졌다.

🧑 가벼운 물체로 무거운 물체를 때리면 무거운 물체가 덜 움직인다는 것은 사실입니다. 무거운 바위에 탁구공을 던지면 바위는 안 움직이고 탁구공만 요란하게 움직이죠. 이것은 두 물체의 질량 차이가 클 때의 일입니다. 그럼 그날 사용한 해머와 돌의 질량을 달아보겠습니다.

피즈 검사는 돌을 저울에 달았다. 30킬로그램을 가리켰다. 그리고 해머를 저울에 올렸는데 바늘이 25킬로그램을 가리키고 있었다.

🧑 존경하는 재판장님, 보시는 것처럼 돌이 해머보다 무겁다고는 하나 그 차이가 압도적이라고 볼 수 없습니다. 이런 경우, 해머맨 씨가 힘없어 씨에게 가한 행동은 위험합니다. 이 경우 빠른 속도로 움직인 해머에 부딪친 돌이 움직이므로, 돌판 밑에 누워 있던 힘없어 씨가 다치는 것은 당연할 것입니다.

🧑 판결하겠습니다. 피즈 검사가 제시한 증거대로 두 물체의 질량 차이가 크지 않아서 힘없어 씨가 다쳤습니다. 따라서 차력팀의 일원으로 단장이 시키는 대로 새 해머를 들고 공연을 한 해머맨에게 책임이 있습니다.

하지만 법적인 책임은 물을 수 없다고 봅니다. 물리학적인 안전을 고려하지 않고 새로운 해머를 사용하게 한 못말려 차력팀의 단장에게 책임이 있습니다. 따라서 못말려 차력팀의 단장은 힘없어 씨에게 병원비와 위자료를 지불할 것을 선고합니다.

못말려 차력팀은 힘없어 씨에게 정중하게 사과했다. 그리고 공연에 쓸 해머를 교체했다. 전보다 가벼운 해머를 사용하여 공연을 하였다.

# 사과하세요

두 물체가 붙어 있으면
만유인력이 0일까

엉뚱해 씨는 농부이다. 엉뚱해는 중학교밖에 안 나왔지만 워낙 과학을 좋아하여 농사일을 마치고 나면 과학 책을 읽었다. 엉뚱해는 요즘 물리에 심취하여 물리 책을 읽다가 밤을 지새우곤 했다. 그가 열심히 읽고 있는 책은 물리학의 바이블이라고 할 수 있는 뉴턴의《프린키피아》였다. 매우 어려운 책이지만 워낙 물리 책을 많이 읽은 엉뚱해는 그리 어렵지 않게 읽어 내려갈 수 있었다.

엉뚱해는 지구가 태양 주위를 도는 것, 또 달이 지구 주위를 도는 이유가 두 천체 사이의 만유인력 때문이라는 것을 깨우쳤다. 뉴턴의 《프린키피아》에서 만유인력은 다음과 같이 정의되었다.

'질량을 가진 두 물체 사이에는 만유인력이라고 부르는 인력이 존재한다. 그 힘의 세기는 두 물체의 질량의 곱에 비례하고 두 물체 사이의 거리의 제곱에 반비례한다.'

이것을 읽은 엉뚱해는 다음과 같이 생각했다.
'지구나 태양의 질량이 크니까 만유인력도 크군. 그리고 거리가 가까워질수록 서로를 끌어당기는 힘(인력)이 커지겠군. 헉!'
엉뚱해는 갑자기 놀란 표정을 지으며 말했다.
"그럼 두 물체 사이의 거리가 0이면 그 힘이 무한히 커지는 것 아냐? 그럼 서로 붙어 있는 물체는 무한히 큰 힘으로 서로를 끌어당기는 건가? 한 번 붙어 있으면 영원히 붙어 있을 수밖에 없을 것이고…."
그때 엉뚱해의 아내인 감각녀가 서재로 들어왔다. 엉뚱해는 감각녀를 끌어안았다. 감각녀는 영문을 몰라 했지만 남편의 갑작스런 애정 표현을 마다하지 않았다. 순간 엉뚱해는 감각녀를 밀치면서 말했다.

두 물체 사이의 무게 중심 거리가 두 물체 사이의 거리입니다.
따라서 지구의 중심을 고려해야 합니다.

"그래, 나와 아내는 둘 다 질량을 가지고 있어. 그리고 포옹하고 있으면 두 사람 사이의 거리가 0이야. 이렇게 꼭 붙어 있으니까. 그렇다면 우리 두 사람 사이에 작용하는 만유인력은 무한히 커질 수밖에 없어. 그런데 뭐야? 나는 쉽게 우리 두 사람을 떨어지게 했잖아. 그럼 내가 무한한 힘을 가지고 있다는 건가?"

감각녀는 남편의 그런 행동을 이해할 수 없었다.

얼마 후 엉뚱해는 이러한 내용을 토대로 〈뉴턴의 만유인력 비판〉이라는 논문을 물리공화국의 〈물짱〉이라는 잡지에 투고했다.

며칠 후 엉뚱해는 편지 한 통을 받았다. 〈물짱〉의 심사위원인 정물리 박사로부터 온 편지의 내용은 다음과 같았다.

'당신이 투고한 논문은 누구도 읽을 가치가 없는 엉터리입니다. 세계적인 학술지인 〈물짱〉에서는 이런 원고를 받은 것 자체를 모욕으로 생각합니다. 당신의 원고는 휴지로 사용하기 바랍니다.'

엉뚱해는 분노했다. 자신의 학력이 낮아 주로 교수들로 구성된 심사위원들이 자신의 논문을 제대로 심사하지 않았다고 생각한 것이다. 결국 〈물짱〉을 물리법정에 고소했다.

| | |
|---|---|
| 여기는<br>물리법정 | 저런 심사위원들이 엉뚱해 씨를 너무 무시하는군요. 물리법정에서 만유인력에 대해 알아봅시다. |

**물리짱 판사**

**물치 변호사**

**피즈 검사**

원고 측 말씀하세요.

뉴턴의 만유인력은 질량을 가진 두 물체 사이의 힘입니다. 그 힘은 두 물체의 거리의 제곱에 반비례하고 두 물체의 질량의 곱에 비례하는 힘입니다. 그렇다면 두 물체 사이의 거리가 0이 되면 두 물체 사이의 만유인력은 이론적으로 무한대가 되어야 합니다. 두 사람이 포옹하여 두 사람 사이의 거리를 0으로 만든 후, 두 사람이 쉽게 떨어질 수 있다면 뉴턴의 만유인력은 성립하지 않습니다. 두 물체 사이의 거리가 가까울 때는 만유인력이 성립하지 않는다고 본 엉뚱해 씨의 논문이 옳습니다.

물치 변호사, 물리 공화국의 변호사로서 물리 공부를 더 해야겠습니다.

뭐라고요? 본인도 한 물리 하는 사람입니다.

지금 물치 변호사께서는 궤변만 늘어놓고 있지 않습니까?

피즈 검사, 말이 심하군요. 궤변이라니! 흠흠.

자자, 그만하고 재판으로 해결합시다. 싸움을 계속하면 두 분 다 퇴장시키겠소. 다음 피고 측 말씀하세요.

🧑‍🦱 물짱의 심사위원인 정물리 박사를 증인으로 요청합니다.

뿔테 안경을 낀 30대 중반의 정물리 박사가 증인석에 앉았다.

🧑‍🦱 증인은 엉뚱해 씨의 논문을 읽어 보았습니까?

👨 앞부분을 읽다가 도저히 말이 안 되는 부분이 많아 치워 버렸습니다.

🧑‍🦱 음, 그건 바람직한 심사위원의 태도가 아니군요.

👨 하지만 그 논문은 말도 안 되는 논리들로 가득 차 있더군요.

🧑‍🦱 무슨 뜻인가요?

👨 투고한 논문에서는 두 물체가 붙어 있으면 물체 사이의 거리가 0이 되어 만유인력이 무한대가 된다는 것을 이야기하고 있습니다. 하지만 물체와 물체 사이의 거리는 한 물체의 표면에서 다른 물체의 표면까지의 거리가 아닙니다.

🧑‍🦱 그럼 뭐죠?

👨 두 물체의 무게 중심 사이의 거리가 두 물체 사이의 거리입니다. 사과가 지구에 떨어지는 경우를 예로 듭시다. 이때 사과와 지구 사이의 만유인력은 사과의 무게 중심과 지구의 무게 중심(지구의 중심)과의 거리입니다. 그러니까 사과가 바닥에 놓여 있다 해도 사과와 지구 사이의 거리가 0이 되지

않습니다. 지구 표면에서 중심까지의 거리이니까 6,400킬로미터입니다. 그러므로 6,400킬로미터가 되는 거죠.

그럼 남녀가 포옹한 경우는 어떻게 되는 것이죠?

사람의 무게 중심은 사람의 몸매에 따라 다르지만 보통 배꼽 안쪽 부분입니다. 그러므로 두 사람이 포옹한다 해도 약간 사이가 벌어질 테니, 두 사람의 무게 중심 사이의 거리는 10~20센티미터 정도가 됩니다. 두 사람이 졸라맨이 아닌 이상, 두 사람 사이의 무게 중심이 0이 될 수는 없습니다. 그러므로 만유인력이 무한대가 되는 게 아니죠. 그리고 그 힘은 그다지 크지 않아서 우리가 얼마든지 떨어질 수 있는 겁니다.

그렇군요, 이상입니다.

판결하겠습니다. 엉뚱해 씨가 주장한 논문과는 달리 두 물체 사이의 거리는 두 물체의 무게 중심 사이의 거리입니다. 따라서 뉴턴의 만유인력에는 아무런 모순이 없습니다. 두 물체 사이의 만유인력이 무한대가 되는 현상은 없으므로 엉뚱해 씨의 논문을 안 실어 준 〈물짱〉의 심사위원들은 공정했습니다.

하지만 심사위원들에게도 잘못이 있습니다. 구체적인 심사평을 통해 논문의 문제점을 알려 줄 수 있었음에도 불구하고, 엉뚱해 씨에게 모욕감을 준 심사평은 실례였습니다. 심사위원들이 엉뚱해 씨에게 사과 발표를 하는 것으로 판결을 내리겠습니다.

〈물짱〉의 다음 호에는 엉뚱해 씨에 대한 공식적인 사과문이 실렸다. 그 후 〈물짱〉의 편집장은 논문이 실리지 못하는 이유를 논문 제출자에게 정중하게 알려 주겠다고 약속했다.

# 달에서 사 온 금

지구에서 금을 사 오면
무게가 6분의 1이 될까

**사건
속으로**

드디어 달에 여행 가는 시대가 왔다. 그러자 많은 사람들이 비좁은 지구에서 살기보다는 새로운 위성인 달로 이주하고 싶어 했다. 이미 달에서는 인공 도시를 건설하고 있었고, 이미 몇몇 사람들이 달로 이주하여 새로운 도시, 암스트롱 시티를 만들었다.

그러나 그들에게 예기치 못한 고민이 생겼다. 결혼이나 돌 등에 필요한 반지를 만들기 위한 금을 달에서는 구할 수가 없기 때문이었다. 그래서 그들은 스페이스넷(우주를 연결하는 무선 인터넷)을 통해 사이언스 시티의 금은방에서 금 60킬로그램을 주문했다. 그 주문을 받은 진순금은 3대째 금은방을 운영하고 있었다. 진순금은 금 60킬로그램과 저울을 챙겼다. 저울을 통해 정확히 60킬로그램이라는 것을 암스트롱 시티 사람들에게 보여 주기 위해서였다.

진순금은 우주 버스를 타고 암스트롱 시티 공항에 착륙했다. 암스트롱 시민들은 진순금을 열렬히 환영했다. 암스트롱 시티의 금 대리인인 달금녀와 진순금의 가격 협상이 시작되었다. 달과 지구의 금 값에는 별 차이가 없었다.

이제 진순금은 금 60킬로그램의 값을 요구했다. 그때였다. 달금녀가 저울로 질량을 재어 보고 싶다고 했다. 달금녀는 준비한 저울에 금을 올려놓았다.

그런데 바늘은 60이 아니라 10을 가리켰다. 10킬로그램이었다. 진순금은 달의 저울은 믿을 수 없다며 자신이 지구에서 가지고 온 저울에 금을 올려놓았다. 결과는 마찬가지였다. 분명 저울은 10킬로그램을 가리켰다. 울며 겨자 먹기로 10킬로그램의 금 값을 받고 지구로 온 진순금은 너무너무 억울했다. 그래서 달금녀를 물리법정에 고소했다.

달이 물체를 잡아당기는 힘은 지구의 6분의 1입니다.
하지만 물체의 질량은 달에서든 지구에서든 달라지지 않습니다.

진순금 씨, 무지무지 억울하시죠? 하지만 걱정 마세요. 당신에게 유리한 물리 상식이 있으니까요. 물리법정에서 질량과 무게에 대해 알아봅시다.

 피고 측 말씀하세요.

 달은 지구에 비해 물체를 잡아당기는 힘이 6분의 1입니다. 따라서 달에서 금을 저울에 달면 저울의 눈금이 지구에서의 6분의 1을 가리킵니다. 그러므로 이것을 몰랐던 진순금 씨의 잘못입니다. 달에서의 무게로 금 값을 건네준 달금녀 씨는 계약대로 금 값을 지불했습니다. 따라서 이 거래는 정상적입니다.

 원고 측 말씀하세요.

달금녀 씨를 증인으로 요청합니다.

아직 지구의 중력에 적응이 안 된 듯한 달금녀 씨가 증인석에 앉았다.

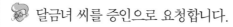 달에 간 지는 얼마나 되었습니까?

십년 정도 되었습니다.

지구에 있는 진순금 씨와는 어떤 방법으로 계약했습니까?

👩 스페이스넷으로 진순금 씨의 금은방 홈페이지에 들어가 주문했습니다.

👨 얼마만큼 주문했습니까?

👩 금 60킬로그램을 주문했는데, 진순금 씨가 10킬로그램만 가지고 와서 10킬로그램의 금 값을 지불했습니다.

👨 60킬로그램을 주문했다고 했죠?

👩 네, 그렇습니다.

피즈는 판사에게 종이 한 장을 건네주었다. 그것은 달금녀와 진순금의 계약서였다. 계약서에는 금 60킬로그램의 주문 내역이 적혀 있었다.

👦 달이 물체를 잡아당기는 힘이 지구의 6분의 1인 것은 사실입니다. 하지만 계약서에 명기된 60킬로그램은 힘의 단위가 아니라 질량의 단위입니다. 질량과 힘을 정확하게 구별하기 위해 물리공화국 도량 협회 질량 담당 연구관인 이질량 씨를 증인으로 요청합니다.

저울을 들고 나온 이질량이 증인석에 앉았다.

👨 증인이 하는 일은 뭐죠?

저는 우주의 여러 행성에서 사용하는 저울을 설계하는 연구를 하고 있습니다.

 그럼 달에 가면 금의 질량이 달라집니까?

 그렇지 않습니다. 질량은 어느 곳에 가도 달라지지 않습니다.

 그럼 왜 저울의 눈금이 달라졌지요?

 저울은 질량을 재는 장치가 아니라 무게를 재는 장치입니다.

 무게와 질량이 다른가요?

 일반인들은 무게와 질량을 잘 구별해서 쓰지 않지만 무게와 질량은 완전히 다릅니다. 무게는 지구나 달과 같은 행성이 물체를 잡아당기는 힘입니다. 그래서 어느 행성에서 재느냐에 따라 달라지지요. 하지만 질량은 물체 자신의 고유한 양이기 때문에 어느 곳에서 재어도 달라지지 않습니다.

 그럼 킬로그램은 무게의 단위인가요? 질량의 단위인가요?

 질량의 단위입니다.

 무게의 단위로는 안 씁니까?

 무게의 단위는 뉴톤이라는 단위를 씁니다. 질량이 1킬로그램인 물체의 무게는 지구에서는 약 10뉴톤의 무게가 됩니다. 2킬로그램의 물체의 무게는 20뉴톤이고요. 이렇게 질량에 10을 곱하면 되니까 사람들은 흔히 질량과 무게를 잘 구별하지 않게 되었죠. 사람들이 지구에서만 살았을 때는 무게와 질량을 구별하지 않아도 살아가는 데 큰 지장이 없었습니다.

그렇다면 지금처럼 다른 행성의 사람들끼리 계약할 때는 무게보다는 질량을 명기해야겠군요.

당연히 그래야 합니다. 무게는 행성마다 달라지니까요. 6킬로그램짜리 물체는 지구에서 무게가 60뉴턴이지만 달에서는 6분의 1인 10뉴턴밖에 안 됩니다.

고맙습니다. 존경하는 재판장님, 진순금 씨와 달금녀 씨의 계약서에는 금 60킬로그램이라고 표시되어 있습니다. 이 양은 달에서나 지구에서 달라질 수 없는 양이므로 달금녀 씨는 계약서대로 60킬로그램의 금 값을 진순금 씨에게 지불해야 합니다.

판결하겠습니다. 이 사건은 앞으로 태양계에서 행성들끼리 무역할 때 중요한 예가 될 것입니다. 행성들마다 중력이 달라서 물체를 잡아당기는 힘에 차이가 있습니다. 앞으로 태양계의 다른 행성 사람들과 지구 사람들 간의 공평한 계약을 위해, 모든 물품의 계약은 무게가 아닌 질량으로 기재할 것입니다. 이번 사건의 경우에는 계약서에 질량의 단위인 킬로그램이 명시되어 있었습니다. 달금녀 씨가 진순금 씨에게

60킬로그램의 금 값을 지불하도록 선고합니다.

진순금 씨는 원래의 금 값을 받을 수 있었다. 그리고 과학자들은 달에서나 지구에서나 같은 질량을 잴 수 있는 저울을 고안했다. 그렇게 해서 탄생한 것이 바로 양팔 저울이었다.

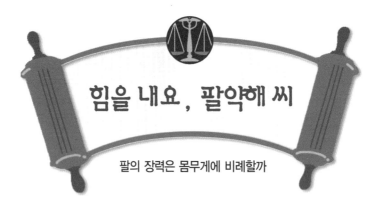

# 힘을 내요, 팔약해 씨

**팔의 장력은 몸무게에 비례할까**

사건
속으로

팔약해 씨와 한뚱뚱 씨는 절친한 친구 사이다. 두 사람은 매주 일요일마다 등산을 다녔다. 건강을 위해서이기도 하지만 미혼인 두 사람은 주말의 무료함을 해소하기 위해 등산을 즐겼다.

어느 날 일요일, 두 사람은 과학공화국에서 제일 높은 무지노파산을 오르기로 했다. 워낙 등산을 많이 한 그들이기에 무지노파산 등산에 대해 크게 염려하지 않았다.

드디어 일요일이 되었다. 무지노파산을 중간쯤 오를 때였다. 두 사람 앞에 암벽과 암벽을 연결하는 다리가 나타났다. 두 사람이 조심스럽게 다리를 건너갈 때였다. 한뚱뚱이 갑자기 현기증을 일으켜 다리 아래로 미끄러지려고 했다. 순간 팔약해가 오른팔로 한뚱뚱의 팔을 간신히 붙잡았다.

그러나 겨우 45킬로그램의 팔약해가 100킬로그램이 넘는 한뚱뚱을 붙잡고 있기가 여간 힘든 일이 아니었다. 팔약해는 필사적으로 한뚱뚱을 붙잡고 있었다. 그러나 흐르는 시간만큼 그는 한계를 느꼈다. 팔약해는 이대로 가다가는 두 사람 모두 추락할 것 같다는 생각이 들었다.

마침내 팔약해의 손가락이 하나둘씩 풀리기 시작했다. 구조대가 도착했을 때는 이미 한뚱뚱이 보이지 않았다.

한뚱뚱의 사망 소식을 들은 가족들은 흥분했다. 팔약해가 조금 더 버텨 주었다면 한뚱뚱이 구조되었을 거라며, 팔약해를 물리법정에 고소했다.

장력은 늘어나는 힘과 반대되는 탄성력입니다.
우리 생활에 이용되는 장력의 원리를 알아봅시다.

팔약해 씨가 최선을 다했는데도 안타깝군요. 물리법정에서 장력에 대해 알아봅시다.

이번에는 물치 변호사가 원고 측 변론을 맡게 되었군요. 물치 변호사, 아니 물치 검사 말씀하세요.

팔약해 씨가 조금만 더 한뚱뚱 씨의 팔을 잡고 있었다면 구조대에 의해 구조될 수 있었습니다. 하지만 팔약해 씨는 좀 더 버티지 못했습니다. 팔약해 씨가 팔을 놓았기 때문에 한뚱뚱 씨가 추락했습니다. 따라서 팔약해 씨에게 책임이 있습니다.

피고 측 말씀하세요.

당시의 상황을 다시 정리해 보겠습니다. 팔약해 씨는 다른 사람에 비해 체구가 작고 특히 팔 힘이 약합니다. 그에 비해 한뚱뚱 씨는 100킬로그램이 넘는 거구였습니다. 누가 봐도 팔약해 씨가 한뚱뚱 씨의 무게를 오랫동안 버틸 수 없습니다. 이 점에 대해 증언할 이줄세 박사를 증인으로 요청합니다.

증인의 직업은 무엇입니까?

네, 저는 줄 연구소의 연구원입니다.

줄 연구소는 무엇을 하는 곳인가요?

모든 끈들의 장력을 연구하는 곳입니다.

장력에 대한 설명을 부탁드립니다.

끈의 장력은 끈의 재질이나 굵기에 따라 달라집니다. 저희 연구소에서는 여러 재질의 끈을 만들어 보았습니다. 그 끈에 일정한 힘을 작용하여 언제 끈이 끊어지는지를 통해 끈의 장력을 측정하지요.

아하! 그럼 무거운 걸 매달아도 잘 안 끊어지면 줄의 장력이 크다고 볼 수 있겠군요?

네, 그렇습니다. 스턴트 촬영에서 사람을 매달아 공중에 띄울 때 사용하는 피아노선은 장력이 아주 큰 줄입니다.

그럼 사람이 팔로 어떤 물체를 들고 있을 때 사람의 팔에도 장력이 작용하겠군요?

네, 그렇습니다. 장력은 곧 늘어나는 능력과 반대되는 탄성력이라 볼 수 있죠. 용수철에 물체를 매달면 용수철이 늘어납니다. 이때 용수철은 원래의 모양으로 돌아가고 싶어 하는 탄성력을 가집니다. 용수철은 탄성력과 물체의 무게가 평형을 이룰 때까지 늘어나게 됩니다.

끈에 물체를 매달았을 때도 같은 원리입니다. 줄에는 원래의 모양으로 돌아가려는 장력이 작용하게 되는데, 장력과 물체의 무게가 평형을 이루어 물체가 정지해 있게 되는 것입니다.

🧑‍🦱 무거운 물체를 매달면 끊어질 수도 있지 않습니까?

🧑 네, 그렇습니다. 모든 줄은 자신이 견딜 수 있는 최대 무게가 있습니다. 그것을 최대 장력이라고 합니다. 그러니까 최대 장력보다 더 큰 힘을 받으면 줄이 끊어지게 되죠.

🧑‍🦱 그렇다면 사람이 무거운 물체를 들 때 사람의 팔이 끊어질 수도 있군요.

🧑 하지만 사람의 경우에는 줄과는 좀 다르죠. 사람은 버틸 수 없다고 여겨지면 팔을 놓게 됩니다. 철봉에 한 손으로 매달려 있으면 한 팔의 장력이 자신의 무게와 평형을 이루게 됩니다. 이때 무거운 씨름 선수가 그 사람에게 올라타면 팔을 놓게 됩니다. 팔의 장력에 한계가 있기 때문이죠.

🧑‍🦱 그렇다면 몸무게가 45킬로그램이고 허약 체질인 사람이 한 팔로 몸무게가 100킬로그램인 사람의 손을 잡고 오랫동안 버틸 수 있습니까?

🧑 팔의 장력은 반드시 사람의 몸무게에 비례하지는 않습니다. 가령 턱걸이 기네스북 기록 보유자의 경우 몸은 작지만 다른 사람보다 장력이 큰 두 팔을 가지고 있으니까요. 하지만 이런 경우는 특별한 경우죠. 몸이 약하고 팔 힘도 약한 가벼운 사람의 경우는 팔의 장력이 남들보다 약하다고 봐야겠죠. 팔의 장력이 작으면 턱걸이 기록도 남들보다 아주 나쁘지요. 음, 이런 경우라면 100킬로그램의 거구를 한 팔로

지탱하는 것은 힘들다고 여겨집니다.

🧑‍🦱 고맙습니다.

피즈는 판사에게 서류를 제출했다.

🧑‍🦱 지금 보여 드린 자료는 팔약해 씨의 고등학생 때 체육 기록 증명서입니다. 자료에 나와 있듯이 팔약해 씨는 팔 힘이 약했습니다. 팔약해 씨는 고등학교 3년 동안 단 한 번도 턱걸이를 하지 못했을 정도입니다. 그런 사람이 한 팔로 100킬로그램의 거구를 붙잡고 버틴다는 것은 상상할 수 없는 일입니다. 이번 사건은 팔약해 씨의 팔의 장력이 작아서 어쩔 수 없었습니다. 한뚱뚱 씨를 고의로 떨어뜨린 것은 아닙니다.

🧑 판결하겠습니다. 팔약해 씨가 한 손으로 한뚱뚱 씨를 잡고 있었던 순간은 팔약해 씨의 팔의 장력과 한뚱뚱 씨의 무게가 평형을 이루고 있었을 것입니다. 하지만 팔약해 씨의 팔에 힘이 빠지면서 팔의 장력은 한뚱뚱 씨의 무게보다 약해졌을 것으로 추정됩니다. 낡은 줄에 무거운 물체를 매달아 놓으면 시간이 흐르면서 줄의 장력이 약해집니다. 그러면 줄이 끊어지면서 물체가 바닥에 떨어집니다.

따라서 팔약해 씨가 한뚱뚱 씨의 무게와 평형을 이루는 팔 힘을 유지할 수 없어 손을 놓친 행위는 물리학적으로 힘의 평형이 깨지는 자연스런 현상입니다. 이번 추락 사고에 대해 팔약해 씨는 책임이 없습니다.

결국 팔약해의 무죄로 끝이 났다. 하지만 팔약해는 친구인 한뚱뚱과의 우정 때문에 가만있지 않았다. 자신의 팔의 장력이 더 컸더라면 하는 후회감 때문에 한뚱뚱의 가족을 물심양면으로 도와주었다.

그리고 다시 똑같은 상황에 처할 때를 대비했다. 좀 더 오랫동안 버틸 팔 힘을 기르기 위해, 그는 매일 헬스클럽에서 팔의 장력을 기르는 운동을 했다.

# 고장 난 선박 끌어요

예인선과 고장 난 배의 위치에 따라
합력이 달라질까

**사건
속으로**

쏜살해운 주식회사는 쉴 틈이 없을 정도로 바빴다. 그러던 어
느 날 소속 선박 한 척이 바다에서 엔진 고장을 일으켰다. 쏜
살해운 주식회사는 그 선박을 육지로 예인하려고 벌리고 예
인 회사와 계약했다. 벌리고 예인 회사는 같은 크기의 힘을
낼 수 있는 두 대의 배로 고장 난 선박의 예인을 시작했다.
쏜살해운 주식회사의 이쏜살 대표는 예인 회사가 선박을 예
인하는 모습을 헬기로 지켜보았다. 두 대의 예인선은 약 90
도로 벌어져 선박을 예인하고 있었다.

끼인각은 두 직선 사이에 끼어 있는 각입니다.
끼인각이 커지면 합력이 작아집니다.

예인을 마친 벌리고 예인 회사는 쏜살해운 주식회사에게 예인 비용을 요구했다. 하지만 예인 과정을 처음부터 끝까지 지켜본 쏜살해운 주식회사의 이쏜살 사장은 불평했다. 예인선들이 너무 큰 각도를 이루면서 선박을 예인해 비용이 늘어났으니, 벌리고 예인 회사에게 예인 비용을 다 줄 수 없다고 했다.

이리하여 두 회사의 논쟁은 물리법정으로 옮겨졌다.

여기는
물리법정

예인선의 위치에 따라 예인 시간이 달라질 수 있을까요? 물리법정에서 끼인각과 합력에 대해 알아봅시다.

물리짱 판사

물치 변호사

피즈 검사

재판을 시작합니다. 원고 측 말씀하세요.

두 대의 예인선이 서로 충돌하지 않기 위해서는 적당히 떨어져서 운항해야 합니다. 따라서 벌리고 예인 회사는 예인선의 안전을 고려해 예인을 했습니다. 따라서 쏜살해운 주식회사는 당초 계약된 예인 비용을 벌리고 예인 회사에 지불해야 합니다.

피고 측 말씀하세요.

예인선은 두 배의 힘의 합력으로 한 대의 배를 이동시킵니다. 때문에 보통 두 대의 예인선이 함께 출동합니다. 두 힘의 합력에 대한 증언을 위해 이힘 씨를 증인으로 요청합니다.

밤색 체크무늬 양복 차림의 30대 남자가 증인석에 앉았다.

증인은 두 힘의 합력에 대한 전문가죠?

네, 저는 두 힘의 합력에 대한 논문을 많이 발표했습니다.

그럼 두 대의 배가 한 대의 배를 예인하는 과정을 물리학적으로 설명해 주십시오.

고장 난 선박을 끌려면 합력이 필요합니다. 두 대의 예인선이 같은 크기의 힘으로 고장 난 선박을 끌어당길 때 생기는 힘이 바로 합력이죠. 이때 두 선박이 어느 정도의 각도로 벌어져 있느냐에 따라 두 힘의 합력은 달라집니다.

음, 이해가 잘 안 되는데 무슨 뜻인지 설명해 주시겠습니까?

두 예인선이 나란히 달린다면 두 예인선의 힘의 합력은 최대가 되죠. 하지만 두 배는 어느 정도 안전거리를 유지해야 합니다. 두 배가 고장 난 배와 이루는 각을 0으로 만들 수는 없지요. 그렇게 되면 예인선 두 척은 충돌할 테니까요.

그렇다면 두 배가 90도로 벌어져서 예인하면 합력이 어떻게 됩니까?

한 척의 예인선으로 예인할 때보다 약 1.4배 정도의 힘을 낼 수 있습니다.

 그럼 각도를 좁히면 합력을 더 크게 할 수도 있겠군요?

 물론입니다. 두 힘의 끼인각이 작아질수록 두 힘의 합력은 커지게 됩니다.

 그렇습니다. 벌리고 예인 회사는 두 예인선의 끼인각을 더 작게 할 수 있음에도 불구하고 90도 각도로 벌렸습니다. 그래서 쏜살해운의 배를 효율적으로 예인하지 못했습니다. 이는 무거운 양동이를 두 사람이 들고 갈 때 두 사람이 가까이 붙어서 들면 쉽게 들 수 있는 것과 같은 이치입니다. 따라서 쏜살해운 주식회사는 벌리고 예인 회사가 요구하는 예인 비용을 모두 지불할 이유가 없습니다.

 벌리고 예인 회사의 두 예인선은 90도를 이루면서 선박을 끌었습니다. 그 결과 한 대의 예인선으로 끌 때에 비해 합력이 그리 커지지 않았습니다. 따라서 쏜살해운 주식회사의 주장에 충분한 이유가 있다고 생각됩니다. 벌리고 예인 회사는 두 예인선이 끄는 힘의 합력이 최대인 경우에 비해 합력이 줄어든 비율을 계산하기 바랍니다. 그 비율에 해당하는 만큼의 비용을 쏜살해운 주식회사에 돌려주기 바랍니다.

벌리고 예인 회사는 쏜살해운 주식회사에게 예인을 효율적으로 하지 못한 점을 사과했다. 그리고 힘의 합력이 줄어든 만큼의 비용을 돌려주었다.

이 사건 이후 다른 예인 회사들도 끼인각의 중요성을 깨달았다. 힘의 합력을 경제적으로 높인 예인 회사들로 인해, 예인선에 사용되는 기름 낭비까지 줄일 수 있게 되었다.

# 당겨줘요 ! 만유인력

옛날 한 옛날 뉴턴이라는 물리학자가 살았습니다. 어느 날 그는 사과나무 아래서 낮잠을 자려다 놀라운 사실을 발견했답니다. 무엇을 발견했냐고요?

사과와 지구는 모두 질량을 가지고 있습니다.
질량을 가진 두 물체는 서로를 잡아당깁니다.

뉴턴은 사과가 떨어지는 이유를 알아냈던 것입니다. 그럼 사과는 왜 떨어졌을까요? 그것이 바로 뉴턴이 찾아낸 만유인력이라는 힘입니다. 만유인력을 정리하면 다음과 같습니다.

**⭐ 만유인력**
- 질량을 가진 두 물체가 서로를 잡아당기는 힘이다.
- 만유인력은 두 물체의 질량의 곱에 비례한다.
- 만유인력은 두 물체 사이의 거리의 제곱에 반비례한다.

　아하! 지구와 사과는 모두 질량을 가지고 있겠죠? 그래서 만유인력 때문에 사과가 땅에 떨어진 거였군요! 그런데 이상한 점이 있어요. 뭐냐고요? 왜 사과만 땅에 떨어질까요? 지구가 사과를 향해 끌려가지 않을까요?

　사과만 지구에게 끌려가는 것은 바로 관성 때문이에요. 지구는 사과에 비해 너무너무 질량이 커서 관성도 무지무지 크답니다. 그래서 지구는 움직이지 않습니다. 그렇다면 사과는 지구를 끌어당기지 못할까요? 만일 지구만큼 무거운 사과가 있다면 사과가 지구를 끌어당기겠죠. 하지만 세상에 그런 사과가 있을까요?

● 무겁구나! 무게

무게는 질량과 다릅니다. 무게와 질량이 같다고 하면 물리 공부
를 처음부터 다시 해야 합니다.

지구에서 물체의 무게는 지구가 물체를 잡아당기는 힘입니다.
지구에서는 질량에 10을 곱하면 무게를 나타낸답니다. 그러니까
1kg인 물체의 무게는 10N입니다. N은 힘의 단위로 뉴턴이라고
부릅니다.

지구가 아닌 다른 행성에 가면 무게가 달라집니다. 달에 가 볼
까요? 달의 질량과 반지름은 지구와 다르답니다. 그러므로 달과
물체 사이의 만유인력은 지구와 물체 사이의 만유인력과 다르답
니다.

물리학자들은 달이 물체를 잡아당기는 만유인력을 계산했답니
다. 그러니까 우리는 그 결과만 꼭 기억해 두면 됩니다. 달에서는
무게가 지구보다 6분의 1로 줄어듭니다.

# 방귀를 물리학적으로
## 정의하면 무엇일까

# 황당한 첫 키스

**몰래 뽀뽀하면 적용되는 죄는
무엇일까**

**사건
속으로**

김하마는 이입쪽이 경영하는 광고 기획사에서 근무했다. 김
하마는 유난히 입술이 두껍고 컸다. 한마디로 애교스런 입술
을 가졌다. 그래서 김하마는 여직원들에게 인기가 있었다.

김하마는 업무에 지쳐 사무실 의자를 뒤로 젖혀 잠을 자고
있었다. 모두들 외근해서 사무실에는 아무도 없었다. 그때
입술이 유난히 작은 이입쪽 사장이 회사에 들어왔다. 그녀는
의자에 잠들어 있는 김하마를 보았다. 그의 커다란 입술이
오늘따라 더 멋있어 보였다.

장난끼가 발동한 이입쪽은 김하마에게 다가갔다. 슬며시 눈을 감고 김하마에게 뽀뽀를 했다. 그 순간 입술에 이상한 감촉을 느낀 김하마가 눈을 떴다. 상황 정리가 된 김하마는 사장이 자신의 입술을 훔친 것을 알게 되었다.

"사장님 뭐 하시는 거예요?"

"김하마 씨의 입술이 너무 예뻐서 그만… 키득키득."

"지금까지 지켜 온 순결을 한순간에 뺏어가다니!"

"남자가 순결은 무슨 순결? 흥!"

"남자라고 순결을 지키지 말라는 법이 있나요?"

"그 정도 가지고 뭘 그래? 그냥 없던 일로 하자고."

김하마는 지금까지 누구에게도 빼앗기지 않았던 입술의 순결을 이입쪽 사장에게 빼앗긴 것에 화가 났다. 김하마는 이입쪽을 물리법정에 고소했다.

벽에 미는 힘을 작용이라고 한다면
안 밀리려고 버티는 벽의 힘은 반작용입니다.

뽀뽀를 해서 물리법정에 왔네요. 그런데 **뽀뽀도** 물리학적으로 설명 수 있나요? 물리법정에서 작용과 반작용에 대해 알아봅시다.

**물리짱 판사**

**물치 변호사**

**피즈 검사**

원고 측 말씀하세요.

갑이 을을 때린다면 갑이 을에게 힘을 작용한 것이므로, 갑에게 책임을 물어야 합니다. 이번 사건은 이입쪽 씨의 입술이 김하마 씨의 입술에 힘을 가한 것이라 볼 수 있습니다. 힘의 작용에 관한 법률에 의해 힘의 작용죄에 해당합니다.

피고 측 말씀하세요.

힘에 대한 정확한 정의를 해야 합니다. 힘 전문가인 힘아로 박사를 증인으로 채택합니다.

운동복을 입은 힘아로 박사가 증인석에 앉았다.

힘이라는 것은 정확히 무엇입니까?

두 물체 사이의 상호 작용이라 볼 수 있죠.

그럼 힘은 항상 두 물체와 관련이 있겠군요?

그렇습니다. 갑이라는 물체가 을이라는 물체에 힘을 작용하면 을도 같은 크기의 힘을 갑에게 작용하죠. 이것을 뉴턴의 작용과 반작용의 법칙이라고 합니다.

좀 더 알기 쉽게 설명해 주시겠습니까?

힘아로는 증인석에서 일어나서 법정의 오른쪽 벽에 기대어 섰다.

🧑 지금 제가 벽에 미는 힘을 작용했죠?

👩 네.

🧑 이와 동시에 벽도 저를 밀게 되는 것이죠. 제가 미는 힘과 벽이 나를 미는 힘은 크기가 같아요. 다시 말하면 내가 벽을 미는 힘은 나와 벽과의 상호 작용을 이야기하는 것이죠.

👩 그렇다면 입술에 입술이 포개어지는 뽀뽀의 경우 한쪽만 힘을 작용했다고 말할 수는 없겠군요?

🧑 그렇습니다. 뽀뽀는 작용 반작용의 한 예입니다. 우리 물리학은 감정을 따지지 않습니다. 오로지 질량이나 전기량 같은 것들이 중요할 뿐이죠. 이 경우 두 입술의 상호 작용이 뽀뽀입니다. 그러므로 갑의 입술이 을의 입술에 힘을 작용했다면, 을의 입술도 갑의 입술에 같은 크기의 힘을 작용하게 되는 것입니다.

👩 이상입니다.

🧑 판결을 내리겠습니다. 힘이 두 물체의 상호 작용이고 뽀뽀도 두 입술의 상호 작용이라는 점은 인정합니다. 하지만 같은 힘을 서로에게 작용할 때는 물리적인 양인 압력의 경우도 고려해야 합니다. 김하마 씨의 입술의 크기와 이입쭉 씨

의 입술의 크기를 생각해 봅시다. 김하마 씨보다 이입쪽 씨의 입술 크기가 훨씬 작습니다. 김하마 씨의 넓은 입술이 이입쪽 씨에게 작용한 압력은, 이입쪽 씨가 작은 입술로 김하마 씨의 입술에 작용한 압력보다 작다고 할 수 있습니다. 입술이 작기 때문에 힘을 더 세게 가했으니까요.

따라서 입술에 더 큰 압력을 받아 고생한 김하마 씨가 진정한 피해자입니다.

이입쪽은 김하마에게 정신적인 위자료를 지급했다. 그리고 한 달 동안 마스크를 쓰고 다녔다.

# 방귀는 나의 힘

방귀의 물리적인 용어는
무엇일까

**사건
속으로**

김방구는 인라인 스케이트 선수다. 김방구에게는 남들이 갖지 못한 능력(?)이 있는데 그것은 다름 아닌 방귀의 힘이다. 그는 긴장하면 방귀를 뀌는데 다른 사람들의 방귀와는 비교가 안 될 정도로 힘이 세다. 김방구의 방귀는 소리가 요란할 뿐 아니라 그 힘 또한 너무 세서 바지를 뚫을 정도였다.

사건이 발생한 것은 김방구가 기다리던 인라인 스케이트 대회 날이었다. 예선을 통과한 사람은 김방구를 포함하여 모두 8명! 참가 선수 중 가장 기록이 좋은 선수는 방심해였고, 그

다음 기록을 가진 사람이 김방구였다.

드디어 3,000미터 결승전! 8명의 선수들이 400미터 트랙을 돌기 시작했다. 예상대로 방심해가 선두를 달리고 김방구가 그 뒤를 쫓고 있었다. 마지막 바퀴를 돌 차례였다. 방심해가 방심하는 사이에 김방구는 방심해의 뒤를 바짝 추격했다.

간발의 차로 방심해가 먼저 골인하려는 순간이었다. 요란한 대포 소리가 들렸고 일등이 바뀌어 있었다. 대포 소리와 흡사한 소리는 김방구의 방귀 소리였다. 방귀를 뀐 순간 김방구의 몸이 앞으로 튀어 나가면서 일등의 자리가 바뀐 것이다.

김방구는 바닥에 앉아 우승을 자축했다. 우승의 기쁨 때문이기도 하겠지만 그보다 구멍 난 운동복을 가리기 위해서였다. 소리에 놀라 정신을 잃었던 방심해는 모든 상황을 알아차렸다. 화가 나서 심사위원장에게 달려갔다. 그리고 이번 경기의 무효를 주장했다.

"김방구 씨의 우승은 무효예요."

"무슨 말이죠?"

"골인 직전에 김방구 씨는 방귀를 뀌었단 말이에요."

"방귀야 누구나 다 뀔 수 있죠."

"근데 그건 보통 방귀가 아니었어요. 초강력 울트라 방귀였다고요! 그러니까 분명 추진력이었다고요."

방심해는 대회 심사 위원장과 함께 녹화된 비디오 테이프를

반작용으로 인해 추진력이 생기게 됩니다.
우리 주위에서 볼 수 있는 반작용과 관계된 사물들을 알아봅시다.

보았다. 골인 직전 김방구가 방귀를 뀌는 순간 그의 몸이 앞으로 튀어 나갔다. 방심해는 녹화 테이프를 증거로 김방구의 우승이 무효라고 주장했다.

여기는
물리법정

방귀의 힘이 대단하군요. 물리법정에서 반작용의 원리에 대해 알아봅시다.

물리짱 판사

물치 변호사

피즈 검사

흠흠, 이번 사건은 냄새나는 사건이로군요. 그럼 방귀 사건에 대한 재판을 시작합니다. 피고 측 말씀하세요.

방귀는 인간의 생리적인 현상입니다. 나오라고 명령해서 나오는 것도 아니고 나오지 못하게 해서 안 나오지도 않습니다. 생리적인 현상을 어떻게 처리(?)하느냐에 따라 우리는 위기의 순간을 넘기게 되는 것이죠.

우리가 생각하기에 방귀를 안 뀔 것 같은 예쁜 여자 연예인들도 그런 생리적인 현상을 피해갈 수 없습니다. 다만 방귀 소리가 날 것 같으면 박수를 친다거나 의자를 넘어뜨리는 등 관심을 다른 곳으로 돌릴 수는 있겠지요.

알았소. 알았으니 냄새나는 얘기는 그만! 사건으로 넘어갑시다.

이번 사건은 결승점을 앞두고 생리적 현상이 일어난 것

일 뿐입니다. 김방구 씨의 방귀는 우승에 아무런 영향을 주지 않았습니다. 따라서 김방구 씨의 우승은 정당합니다.

원고 측 말씀하세요.

기체의 반작용 전문가인 기체 방귀 연구소의 김기체 박사를 증인으로 채택합니다.

증인석에 김기체 박사가 앉았다.

본인이 하는 일을 소개해 주십시오.

기체 방귀 연구소의 소장입니다. 저희는 밀폐된 곳에 있던 기체가 튀어 나갈 때의 추진력을 연구하는 기관입니다.

그렇군요. 질문하겠습니다. 김기체 박사님, 밀폐된 곳의 기체가 갑자기 밖으로 튀어 나가면 어떤 일이 생기죠?

튀어 나가는 기체의 양과 속력으로 인해 새로운 추진력이 생깁니다.

기체에 대해서 잘 이해가 안 되는데, 더 쉽게 설명해 주실 수 있습니까?

그러자 김기체는 주머니에서 풍선을 꺼내 공중에 던졌다. 풍선은 공기를 넣지 않아서 그리 빠르지 않은 속력으로 허공에 날아갔다.

이것은 기체를 밖으로 뿜어내지 않은 풍선이 날아가는 모습입니다. 이번에는 방귀를 뀌는 풍선을 보여 드리죠.

모두들 긴장을 하며 김기체의 실험을 지켜보았다.
김기체는 풍선을 크게 불었다. 그리고 풍선 끝에 쥐고 있던 손을 놓으면서 풍선을 허공에 던졌다. 풍선 속의 기체가 밖으로 빠져나가자 풍선은 아주 빠르게 허공을 날았다.

아! 이것이 바로 방귀 뀌는 풍선이라고 할 수 있겠군요. 그냥 풍선보다는 방귀를 뀌는 풍선이 빠르군요.

풍선 안에 있던 공기를 밖으로 밀어내면, 밖에 있던 공기가 반작용으로 풍선을 밀게 되죠. 그러니까 작용과 반작용의 원리에 의해 풍선이 추진력을 얻어 가속되는 겁니다.

로켓의 원리랑 같겠군요.

그렇습니다. 로켓도 방귀를 뀌면서 점점 빨라지죠. 또 물 방귀를 뀌는 놈도 있습니다.

그게 뭐죠?

오징어입니다. 오징어는 물을 빨아들이고 물을 밖으로 뿜어내면서 그 반작용으로 앞으로 나가게 되죠.

물 방귀를 뀌고 앞으로 가는 거로군요. 그럼 사람의 경우도 이러한 원리가 적용될 수 있습니까?

방귀는 사람 몸속의 기체가 항문을 통해 공기 중으로 튀어 나가는 과정입니다. 다만 방귀의 양이 적고 속력도 빠르지 않을 때는 우리가 느낄 수 있는 추진력을 얻는다고 볼 수는 없습니다. 하지만 방귀의 양과 속력이 빠른 예외적인 사람들도 있습니다.

그런 사람들은 방귀로 추진력을 얻을 수 있겠군요?

음, 그럴 수도 있겠죠.

이상입니다.

방귀 사건에 대한 판결을 내리겠습니다. 방귀는 생리적 현상이므로 어쩔 수 없다는 물치 변호사의 주장과 강력한 방귀가 작용과 반작용에 의해 추진력을 얻는다는 피즈 검사의 주장은 모두 일리가 있습니다. 그러나 김방구 씨는 앞으로 선수 생활을 계속할 것입니다. 방귀에 의한 추진력으로 우승한 것을 인정한다면 다른 선수들이 방귀를 뀔 소지가 있습니다. 시합 전에 꽁보리밥에 고구마를 먹고 출전한다면 문제가 생길 겁니다. 또다시 방귀로 경기를 치르는 불상사가 생길 수도 있다는 것입니다.

스포츠 정신에 의거한다면, 진정한 승자는 약물의 힘이나 다른 경기 외적인 힘에 의존해서는 안 됩니다. 이번 사건으로 인해 앞으로 강력한 방귀를 뀌는 운동 선수들이 이득을 볼 수 없게 해야 합니다. 따라서 재경기를 치를 것을 선고합니다.

일주일 후 재경기를 열었다. 방귀를 뀌지 않은 김방구가 2등을 했고, 우승을 위해 열심히 달린 방심해가 우승했다. 그날 이후, 방심해는 열심히 훈련을 했다. 그리하여 일 년 뒤, 드디어 우승을 했다.

# 고무줄 몸무게

저울에 몸무게를 잴 때
서 있는 자세에 따라 몸무게가 달라질까

사건
속으로

2미터 20센티미터의 한큰키는 씨름 선수이다. 씨름 대회를 앞둔 그는 체중 관리를 위해 매일 땀을 흘렸다.

씨름 대회는 몸무게에 따라 체급을 나누어 경기를 진행했다. 100킬로그램 이상일 때는 백두급, 100킬로그램 미만일 때는 한라급으로 분류했다. 백두급의 선수들은 보통 몸무게가 150킬로그램이 넘었다. 100킬로그램 근처에서 왔다 갔다 하는 정도라면 체중 관리를 하여 한라급에 출전하는 것이 유리했다. 그래서 98킬로그램인 한큰키는 체중관리를 하여 한라급에 출전하기로 했다.

과학 씨름 협회에서 주관하는 전국 씨름왕 선발 대회가 개최되었다. 한큰키는 한라급에서 승승장구하여 결승전에 올랐다. 드디어 결승전 날이었다. 상대 선수는 뒤집기의 달인인 한뒤집이었다. 한큰키와 한뒤집의 대결은 이번이 처음이 아니었다. 한큰키는 매번 한뒤집의 장벽을 넘지 못하고 우승을 놓쳤다.

한큰키는 이번엔 절대로 지지 않을 자신이 있었다. 하지만 뜻하지 않은 사건이 발생했다. 결승전에 앞서 몸무게를 측정하는데, 계체 장소가 변경된 것이 화근이었다.

계체 장소는 천장이 아주 낮은 방이었다. 먼저 한뒤집이 저울에 올라섰다. 바늘은 95킬로그램을 가리켰다. 다음으로 한큰키가 계체를 할 순간이었다. 한큰키가 저울에 올라서자 천장에 머리가 닿았다. 한큰키는 고개를 숙여 천장에 머리가 안 닿으려고 했다.

"똑바로 서세요."

감독관이 소리쳤다.

"천장이 낮아서 똑바로 설 수 없어요."

한큰키가 대답했다.

"계체할 때는 똑바로 서서 정면을 바라보게 되어 있소. 그렇지 않으면 규정 위반이오."

한큰키는 머리에 힘을 주어 천장을 밀어내며 간신히 똑바로 서 있었다. 천장에 머리가 닿아 아팠지만 꾹 참으면서 서 있었다.

"100.012킬로그램, 계체량 초과!"

감독관이 소리쳤다. 한큰키는 허탈해졌다. 오늘을 위해 제대로 먹지도 않으면서 체중 관리를 했던 지난날들이 머릿속으로 지나갔다. 한큰키가 계체량 초과로 탈락함으로써 한뒤집이 우승을 차지했다.

한큰키는 답답한 심정으로 체육관으로 돌아왔다. 그리고 체육관의 저울에 올라가 보았다. 놀랍게도 눈금이 98킬로그램을 가리켰다. 한큰키는 계체 감독관을 찾아갔다. 지난번 계체 때 저울에 문제가 있었다고 주장하며 계체를 다시 할 것을 요구했다. 하지만 계체 감독관은 대회는 이미 끝났고 우승자에게 상금도 전달되었다며 한큰키의 요구를 받아들이지 않았다.

한큰키는 계체 감독관과 대회 운영 위원회를 물리법정에 고소했다.

천장에 머리가 닿아서 체중이 초과되었군요.
작용과 반작용의 원리를 알아봅시다.

정말 신기하네요. 서 있는 자세에 따라 몸무게가 달라지니까요. 물리법정에서 반작용에 대해 알아봅시다.

 재판을 시작하겠습니다. 피고 측 말씀하세요.

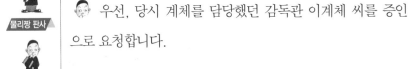 우선, 당시 계체를 담당했던 감독관 이계체 씨를 증인으로 요청합니다.

운동복을 입은 40대 중반의 남자가 증인석에 앉았다.

 증인은 씨름 대회의 계체를 담당하고 있죠?

네, 10년째 이 일을 맡고 있습니다.

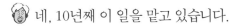 그럼 그날 한큰키 씨의 체중은 정확히 쟀다고 생각합니까?

물론입니다. 저울은 절대로 거짓말을 하지 않습니다.

그날 사용한 저울은 어떤 저울입니까?

올림픽에서 선수들 계체를 하는 공식 저울입니다.

어느 정도로 정확한가요?

0.001그램까지 정확하게 잴 수 있는 디지털 저울입니다.

그렇다면 한큰키 씨가 저울에 올라갔을 때 체중은 얼마였습니까?

정확하게 100.012킬로그램이었습니다. 한계 체중이

100킬로그램이었기 때문에 실격이 된 것입니다.

한큰키 씨는 체육관에 있는 용수철저울로 자신의 체중을 확인해 왔습니다. 하지만 용수철저울은 오래되면 영점이 일치하지 않아 정확한 체중을 재는 장치는 아닙니다. 또한 바늘을 보는 각도에 따라 조금씩 눈금을 다르게 읽을 수도 있습니다. 하지만 대회 운영 위원회의 저울은 압력 센서를 사용하는 최첨단 디지털 저울입니다. 올림픽에서 사용할 정도로 정확한 저울입니다.

그러므로 대회 운영 위원회의 저울로 재어 체중 초과가 된 것에 이의를 제기하면 안 됩니다. 대회 운영 위원회가 한큰키 씨를 체중 초과로 실격 처리한 것은 정당합니다.

원고 측 말씀하세요.

저울은 거짓말을 안 한다고 했지만 그 점을 인정할 수 없습니다. 엘리베이터를 타고 점점 빠르게 올라가면서 저울에 올라타 눈금을 보면 알게 될 겁니다. 눈금이 실제 무게보다 더 큰 숫자를 가리킨다는 것을 알 수 있습니다. 왜냐하면 엘리베이터가 가속되면서 생긴 관성력이 아래 방향으로 작용해 무게에 추가되기 때문입니다. 이처럼 상황에 따라 저울의 눈금이 물체의 정확한 무게를 나타내지 못할 수도 있습니다.

재판장님, 피즈 검사는 재판과 관련 없는 이야기로 사

건의 본질을 흐리고 있습니다.

🧑‍🦰 피즈 검사는 지금 한 말에 대한 증거 자료를 제시할 수 있습니까?

🧑‍🦱 실험으로 보여 드리죠. 실험을 하기 전에 우선 한큰키 씨의 증언을 들어 보겠습니다 .

한큰키가 증인석에 앉았다.

🧑‍🦱 증인의 키는 얼마죠?

🧑 2미터 20센티입니다.

🧑‍🦱 엄청나게 크군요. 그날 계체를 하던 방의 천장이 낮았다고 했는데 정말 그랬습니까?

🧑 네, 원래 계체 장소가 보일러 작업을 하는 관계로 관리실에서 계체를 하게 되었는데, 천장이 낮아서 머리가 닿았습니다.

🧑‍🦱 그럼 저울에 올라가서는 머리가 천장을 밀쳤겠군요.

🧑 그렇습니다. 하지만 잠시면 끝날 거라고 생각했기에 아픔을 참고 똑바로 섰습니다.

🧑‍🦱 고개를 숙이면 되지 않습니까?

🧑 운동을 시작할 때부터 계체를 할 때는 똑바로 서서 정면을 바라봐야 한다고 배웠습니다. 심사위원들에 대한 예의

이기도 하니까요.

🧑‍🦱 그럼 억지로 머리로 천장을 밀고 있었군요?

👨 네.

🧑‍🦱 존경하는 재판장님, 한큰키 씨의 증언을 입증할 실험 하나를 보여 드리도록 하겠습니다. 허락해 주십시오.

👨‍🦱 허락합니다.

피즈는 자신이 가지고 온 디지털 저울 위에 올라갔다. 저울은 65.1이라는 숫자를 나타냈다.

🧑‍🦱 제 체중은 65.1킬로그램입니다. 저는 이 저울로 저의 체중을 변하게 하겠습니다.

피즈는 조수에게 탁자를 들고 오게 했다. 피즈는 탁자 위에 저울을 놓고 그 위에 올라앉았다. 피즈의 머리가 천장에 닿았다.

🧑‍🦱 재판장님, 이제 제가 머리로 있는 힘껏 천장을 밀어 보겠습니다. 이제 저울의 눈금을 확인해 주십시오.

판사가 저울의 눈금을 보기 위해 탁자 쪽으로 내려왔다. 피즈는 더욱 힘껏 머리로 천장을 밀었다. 그때 저울의 눈금에 '70'이라는 숫자가 나타났고, 피즈가 힘을 쓸수록 수치는 올라갔다.

허허, 진짜로 체중이 달라지는군. 피즈 검사, 체중이 달라지는 이유가 무엇입니까?

작용과 반작용 때문입니다. 제가 천장에 미는 힘을 작용하면 천장은 반작용을 합니다. 천장은 제가 민 힘과 크기는 같고 방향이 반대인 힘을 제게 작용하죠. 지구가 저를 당기는 힘을 재는 것이 저울의 원리입니다. 여기에 천장이 저를 미는 힘이 더해지니까 저울이 더 무거운 체중을 나타내게 되는 것입니다.

따라서 이번 사건의 경우 한큰키 씨의 머리가 천장에 닿아 천장을 밀었고, 천장이 한큰키 씨를 미는 반작용으로 원래의 체중보다 많이 나간 겁니다. 따라서 정확한 체중을 측정한 것이 아닙니다.

판결을 내리겠습니다. 일반적으로 질량과 무게의 개념이 잘못 사용되고 있는 것이 지금의 현실입니다. 대회 규정집에 명시되어 있는 체중이라는 말은 무게를 뜻하므로 힘을 나타낼 것입니다. 반면에 킬로그램은 질량의 단위입니다. 그러므로 이 규정은 물리학적으로 옳은 규정이 아닙니다. 한큰키 씨의 머리가 천장에 닿아 천장의 반작용 때문에 무게가 증가할 수 있다는 점을 인정합니다. 하지만 어떤 경우라도 한큰키 선수의 질량은 98킬로그램으로 달라지지 않습니다. 그런데 대회의 체중 규정은 단위가 옳지 않아 무게로 따지는 것인지 질량으로 따지는 것인지 알 수 없습니다. 따라서 한큰키 씨의 실격 처리는 무효입니다.

재판이 끝난 후 대회 운영 위원회는 다음과 같이 발표했다.

한라급 선수의 한계 질량은 100킬로그램으로 한다.

그리고 한큰키와 한뒤집의 재경기가 이루어졌다. 한뒤집이 뒤집기를 하려는 순간 한큰키가 밀어 치기로 한뒤집을 모래판에 뉘었다. 한큰키의 우승이었다.

# 주고받자! 작용과 반작용

작용과 반작용의 법칙도 뉴턴이 발견한 법칙입니다. 우와! 뉴턴은 물리에서 중요한 인물이군요. 법칙을 정리해 보면 다음과 같습니다.

● 작용 반작용의 법칙

물체가 다른 물체에 힘을 작용하면 그 물체 역시 크기가 같고 방향이 반대인 힘을 작용합니다.

사격장에서 총을 쏴 볼까요? 총알이 나가는 순간 총은 뒤로 움직입니다. 그러니까 총이 얼굴에 부딪치지 않도록 어깨로 잘 받쳐야 할 거예요! 이것도 작용과 반작용의 예입니다.

총알이 나가는 순간 총에 작용하는 힘에는 작용과 반작용의 법칙이 있어요. 총알을 발사하는 힘과 크기가 같고 방향은 반대인 힘이 주어집니다.

그런데 똑같은 힘이 작용하는데 총은 왜 총알처럼 빠르게 움직이지 않을까요? 이것은 바로 질량의 차이 때문입니다. 총알이 받는 힘과 총이 받는 힘이 같다고 해도 총은 총알에 비해 무겁지요? 앞에서 얘기했듯이, 같은 힘이 작용할 때 질량이 큰 물체가 관성이 더 크지요? 따라서 질량이 큰 총은 조금 움직인 것입니다.

아하! 또 관성에 대한 얘기군요. 그렇다면 가벼운 총에 무거운 총알을 넣고 쏘면 어떻게 될까요? 조심하세요! 총이 뒤로 날아갈 테니까요.

작용과 반작용이 없으면 사람은 걸어 다닐 수도 없습니다. 그게

총알이 나가는 순간 작용과 반작용이 생깁니다.
어깨로 총을 잘 받쳐야 안전합니다.

무슨 말이냐고요? 사람은 걸어갈 때 바닥에 미는 힘을 작용합니다. 이때 바닥은 반작용으로 사람을 밀지요. 바로 이 힘에 의해 우리가 걸어갈 수 있는 것입니다. 이제 작용과 반작용이 얼마나 고마운지 알겠지요?

# 원심력과 구심력은 어떻게 구별할까

# 줄타기 사건

### 외줄타기를 할 수 있는 비결은 무엇일까

**사건
속으로**

한줄타는 사이스 곡마단에서 외줄타기 쇼를 공연했다. 사이스 곡마단의 창단 멤버인 그는 외줄타기 경력만 해도 17년인 베테랑이었다. 사이스 곡마단의 공연은 수준이 높고 역사도 길어 물리공화국에서 유명했다.

어느 날 피즈 마을에서 열리는 예술제의 전야제 행사로 사이스 곡마단이 출연했다. 사이스 곡마단의 명성 때문인지 사람들이 인산인해를 이루었고, 곡마단의 왕욕심 단장은 입이 벌어져 어쩔 줄 몰라 했다.

관객의 반응은 열광적이었다. 박수갈채를 받으며 침팬지 쇼와 접시 쇼, 자전거 쇼 등이 끝났다. 드디어 가장 인기 있는 한줄타의 공중 5미터 외줄타기 순서가 되었다. 그런데 그때까지 한줄타는 뭔가를 급히 찾고 있었다. 그 모습을 본 단장이 한줄타에게 말했다.

"한줄타 씨, 다음 차례잖아. 뭐 하고 있어?"

"봉이 없어요."

한줄타가 계속 두리번거리며 대답했다.

"봉? 봉이 뭔데?"

"제가 줄 탈 때 항상 들고 올라가는 긴 대나무 봉 말이에요."

"오늘 하루만 그냥 타게. 지금 관객들이 기다리고 있단 말일세."

그때 사회자가 한줄타를 소개하는 멘트가 흘러나왔다.

"그게 없으면 전 줄을 탈 수 없어요!"

"타라니까!"

"못 타요."

"자네 경력이 몇 년인데 봉 없다고 못 타나?"

"그래도 저는 봉 없이 타 본 적이 없는 걸요."

하지만 한줄타는 봉 없이 쇼를 진행하게 되었다. 월급을 받는 한줄타가 단장의 명령에 더 이상 저항할 수 없었던 것이다. 한줄타는 평소와는 다르게 두 다리가 후들거렸다. 관중들은

외줄타기의 비밀은 회전 관성에 있어요.

회전 관성에 대해 알아봅시다.

외줄 위에 올라선 한줄타가 좀 이상하다고 생각했다. 한줄타가 한 발을 줄에 올려놓고 다른 발을 줄에 올려놓는 순간, 그의 몸이 한쪽으로 기우뚱거렸다. 그러다 그만 바닥으로 추락해 버렸다.

이 사고로 한줄타는 다리가 부러졌다. 의사는 한줄타에게 더 이상 외줄타기를 할 수 없다고 했다. 한줄타는 충격을 받았다. 봉이 없는데도 외줄타기를 시킨 왕욕심을 물리법정에 고소했다.

여기는
물리법정

아, 외줄타기를 할 때 봉 때문에 균형을 잡을 수 있던 거로군요. 물리법정에서 회전 관성에 대해 알아봅시다.

물리짱 판사

자, 피고 측 말씀하세요.

외줄타기 경력 40년에 봉 없이도 외줄타기를 할 수 있는 이무봉 옹을 증인으로 요청합니다.

물치 변호사

한복을 입고 짚신을 신은 할아버지가 증인석에 앉았다.

피즈 검사

증인은 봉을 들지 않고도 외줄타기를 할 수 있다고 들었습니다. 사실입니까?

그렇소.

외줄타기를 하려면 꼭 봉을 들어야만 합니까?

꼭 그렇지는 않소. 나처럼 경험이 많은 사람은 필요가 없소. 그저 부채 하나만 있다면 말이오.

이상입니다.

원고 측 말씀하세요.

물리학적으로 이번 현상을 설명하기 위해서 회전 운동 전문가인 도라도라 연구소의 고회전 박사를 증인으로 요청합니다.


30대 중반의 남자가 증인석에 앉았다.


도라도라 연구소는 무엇을 하는 곳입니까?

도는 것, 즉 회전을 연구하는 곳입니다.

그렇군요. 자, 증인에게 이번 사건에 대해 몇 가지 질문을 하겠습니다. 항상 긴 봉을 들고 타던 외줄타기 선수가 봉이 없으면 줄에서 넘어질 수 있습니까?

특별한 일이 없는 한 당연히 넘어집니다. 회전 관성이 작아지니까요.

음, 회전 관성이라는 게 무슨 말이죠?

이 세상에는 회전이 잘되는 것도 있고 회전이 안 되는

것도 있습니다. 이것을 결정하는 것이 물체의 회전 관성이죠.

회전 관성과 봉에 어떤 관계가 있는지 이해가 안 됩니다. 알기 쉽게 설명해 주시죠.

다시 설명해 드리죠. 회전이란 어떤 축을 중심으로 물체가 도는 것을 말합니다. 이때 그 축을 회전축이라고 하죠. 그런데 회전축과 멀리 떨어진 곳에 무거운 것이 있으면 회전이 잘 안 되지요. 이럴 때 회전 관성이 크다고 얘기합니다. 회전 관성이란 물체가 회전을 하기 싫어하는 정도입니다. 봉과의 관련성을 이야기하자면 음, 그렇죠. 사람이 긴 봉을 들고 있으면 봉은 회전축인 줄에서 멀리 떨어져 있으므로 봉의 질량만큼 봉을 든 사람의 회전 관성은 커지게 되죠. 그래서 긴 봉을 든 사람은 잘 돌지 않게 되죠.

그렇군요. 증언 고맙습니다. 존경하는 재판장님, 고회전 박사의 증언대로 봉을 들었을 때와 봉을 들지 않았을 때의 회전 관성에는 많은 차이가 납니다. 즉 한줄타 씨가 긴 봉을 들고 외줄타기를 했다면 회전 관성이 크기 때문에 줄에서 떨어지는 사고는 없었을 것입니다. 한줄타 씨는 17년 외줄타기를 하면서 단 한 번도 봉을 들지 않고 줄을 타 본 적이 없습니다. 그는 봉을 통해 줄 위에서 평형을 유지했던 것입니다. 그런데도 왕욕심 단장은 돈에만 눈이 멀어 한줄타 씨에게 봉 없이 외줄타기를 강요했습니다. 따라서 모든 책임은 왕욕심 단장에게 있습니다.

👤 판결하겠습니다. 이무봉 씨처럼 어릴 때부터 부채를 이용하여 줄 위에서 균형을 잡는 사람도 있습니다. 하지만 한줄타 씨의 경우는 줄타기를 배울 때부터 봉을 이용하여 균형을 잡았습니다. 회전축에서 먼 곳에 무거운 것이 있으면 회전 관성이 커져 회전이 잘 안 된다는 고회전 박사의 증언을 토대로 생각하면, 봉이 없어지자 평소 공연할 때보다 회전 관성이 작아져 줄에서 떨어진 것입니다.

따라서 한줄타 씨의 안전을 무시하고 공연을 강행한 왕욕심 씨에게 책임이 있습니다. 왕욕심 씨는 한줄타 씨의 병원비 일체와 정신적 피해 보상을 할 것을 선고합니다.


병원을 퇴원하고 나서도 외줄타기를 더 이상 할 수 없게 된 한줄타는 곡마단의 공연 감독이 되어 후배들을 지도했다. 한줄타는 외줄타기를 하러 올라가는 후배에게 꼭 지시했다. '이봐, 봉을 꼭 챙기라고!'

# 회전문이 빙글빙글

백화점에서 회전문에 부딪쳐 다치면
보상받을 수 있을까

사건
속으로

한급해는 100킬로그램이 넘는 거구다. 하지만 성질이 아주

급해 남들보다 빨리 걷고 몸놀림도 아주 재빨랐다.

5년 전 한급해는 모차모와 결혼해서 행복한 생활을 하고 있

었다. 그러나 부부 싸움을 하면 한급해의 급한 성질과 모차

모의 참지 못하는 성질이 맞붙어 항상 큰 싸움이 되곤 했다.

어느 날 모차모의 쇼핑 중독에 대해 한급해가 한마디 했다.

결국 싸움이 격해지자 모차모가 가출해 버렸다.

모차모의 가출 기간은 아주 길었다. 보통 일주일을 넘기지

않고 돌아왔던 모차모였는데, 이번에는 가출한 지 두 달이 넘도록 연락이 끊긴 것이다.

한급해는 모차모가 쇼핑을 좋아하는 것을 떠올리고 매일 백화점을 돌아다녔다. 그렇게 백화점마다 돌아다니던 어느 날, 한급해는 뻑뻑 백화점 1층의 회전문을 열려고 했다. 그런데 회전문이 너무 뻑뻑해서 잘 돌아가지 않았다. 뻑뻑 백화점은 지은 지 오래되어서 시설이 형편없었고, 회전문은 뻑뻑하기 이루 말할 수 없었다.

한급해는 힘들게 문을 열고 들어가 문 앞에 지켜 섰다. 그리고 회전문을 통해 들어오는 손님들을 유심히 살펴보고 있었다. 그때 마침 백화점 밖으로 아내가 지나가고 있었다. 한급해는 아내를 잡기 위해 무서운 속력으로 회전문을 향해 돌진했다. 순간 회전문 앞에 있던 카트에 발이 걸리면서 한급해의 무거운 몸이 회전문으로 날아갔다. 뻑뻑한 회전문은 회전하지 않았고 유리창에 부딪친 한급해는 부상을 입었다.

이 일로 한급해는 온몸을 성형 수술하는 대수술을 했고 그 비용도 만만치 않았다. 한급해는 자신의 부상이 뻑뻑한 회전문 때문이라며 백화점을 물리법정에 고소했다.

회전문은 회전축을 중심으로 회전합니다.
회전축의 원리에 대해 알아봅시다.

김뻑뻑 사장님, 그러게 진즉 회전문을 바꾸지 그랬어요. 물리법정에서 회전축에 대해 알아봅시다.

🤵 재판을 시작합니다. 피고 측 말씀하세요.

😊 백화점에는 대부분 회전하는 유리문이 있습니다. 이것은 백화점 입구를 보다 예쁘게 만들기 위한 인테리어입니다. 회전문은 한 칸에 한 사람씩 천천히 문을 돌리면서 들어가도록 설계되어 있습니다. 이번 사고는 한급해 씨가 서둘러 뛰어가다 유리와 충돌하여 부상을 당한 것입니다. 따라서 백화점 측에서는 보상을 할 의무가 없다고 생각합니다.

🤵 원고 측 말씀하세요.

💁 뻑뻑 백화점의 단골 고객인 이호리 씨를 증인으로 요청합니다.

호리호리한 몸매를 가진 가냘픈 아가씨가 증인석에 앉았다.

💁 증인은 뻑뻑 백화점을 자주 가나요?

👩 집에서 가깝기 때문에 거의 매일 가지요.

💁 그럼 회전문을 열고 들어가겠군요?

👩 네.

💁 이용하실 때 불편한 점은 없습니까?

문이 너무 뻑뻑해요. 저 혼자 밀면 문이 잘 안 움직여서 다른 사람의 도움을 받아야 해요.

그럼 두 사람이 밀어야 겨우 회전문이 돌아가는군요.

여자들의 경우는 그럴 거예요.

뻑뻑 백화점의 김뻑뻑 사장을 두 번째 증인으로 요청합니다.

양쪽 볼따구니가 튀어나와 욕심이 많아 보이는 60대 남자가 증인석에 앉았다.

증인은 백화점의 회전문이 뻑뻑해서 잘 돌아가지 않는다는 것을 알고 있었습니까?

최근에 알았습니다.

그럼 왜 고치지 않았죠?

요즘 경기도 안 좋고 손님도 별로 없고 해서 신경을 안 썼습니다.

그래도 회전문이 쉽게 돌아가야 하는 거 아닙니까?

그건 그렇지만….

재판장님, 회전문은 어린아이도 쉽게 문을 돌릴 수 있도록 설계되어야 합니다. 회전문의 원리는 회전축에서 떨어진 지점에 힘을 작용하면 회전을 일으켜서 돌아가게 하는 것입니다. 이때 약간의 힘을 가해도 회전되도록 대부분의 회전문은 설계되어 있습니다. 하지만 뻑뻑 백화점의 회전문은 약한 힘으로는 돌지 않을 정도로 뻑뻑합니다.

한급해 씨가 갑자기 뛰어나간 것은 가출한 아내를 봤기 때문입니다. 이런 상황이라면 누구라도 천천히 걸어 나가지 않고 뛰어나갔을 것입니다. 그때 회전문이 덜 뻑뻑했더라면 한급해 씨와 부딪친 회전문이 돌아갔을 것입니다. 하지만 깨지면 흉기가 되는 유리로 된 문으로 회전문을 만들어 놓고, 잘 회전되지 않게 방치해 놓은 것은 잘못입니다. 따라서 뻑뻑 백화점에게 전적으로 책임이 있다고 여겨집니다.

판결합니다. 백화점은 많은 사람이 드나드는 곳입니다. 그리고 회전문은 단순히 인테리어 차원으로 설치한 것이 아니라 많은 사람들이 드나드는 문입니다. 유리는 우리의 생활에 없어서는 안 되는 물질이지만 깨지기 쉽고 깨진 유리에 몸이 닿으면 큰 상처가 날 수 있습니다.

따라서 유리로 회전문을 만들었다면 누구나 쉽게 회전시킬 수 있도록 해야 할 의무가 있습니다. 뻑뻑 백화점은 그 의무를 다하지 못해 회전에 대한 안전 관리법을 위반한 점이 분명합니다.

뻑뻑 백화점의 김뻑뻑 사장은 회전문을 당장 고쳤다. 그리고 한급해의 병원비를 지불하고 그의 아내를 대신 찾아주겠다고 했다. 김뻑뻑 사장은 한급해의 아내를 찾아주기 위해 시내의 모든 백화점 직원들에게 한급해 아내의 사진을 나누어 주었다.

얼마 후 한 백화점을 쇼핑하던 모차모는 직원의 신고로 한급해에게 연락되었다. 한급해는 급한 성질을 없애겠다고 약속하고 모차모와 화해했다.

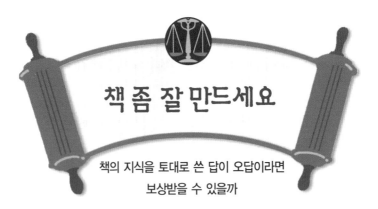

# 책 좀 잘 만드세요

책의 지식을 토대로 쓴 답이 오답이라면
보상받을 수 있을까

**사건
속으로**

잘외워는 어릴 때부터 과학책 읽기를 좋아했다. 잘외워는 물리학자가 되기 위해 최고의 명문인 사이티 과학고를 다니고 있었다.

잘외워는 과학을 좋아하긴 하지만 독창적으로 생각하기보다는 책을 통해 얻은 지식을 잘 외웠다. 물론 올바른 과학자의 자세는 아니었다.

대학 진학을 위해 수학능력 시험을 치르게 되던 날, 잘외워는 순조롭게 언어 시험과 수학 시험을 마쳤다. 드디어 3교시,

이제 잘외워가 좋아하는 과학 시험을 보게 되었다. 과학 문제의 마지막 문제는 물리 문제로 다음과 같았다.

> 문제 80번: 회전하는 원판 위에 지우개를 올려놓고 원판을 점점 빠르게 회전시키면 지우개가 밖으로 밀려난다. 이러한 현상과 가장 관계있는 힘은 무엇인가?
> ① 만유인력          ② 전기력          ③ 구심력
> ④ 원심력          ⑤ 탄성력

문제를 읽는 잘외워의 눈에 생기가 돌았다. '이건 내가 읽었던 《로손의 놀이동산 여행》에 나와 있는 거잖아. 원 운동을 할 때 밖으로 쏠리는 힘은 원심력이야. 너무 쉽군.'

잘외워는 고 2때 읽었던 교양 과학 베스트셀러의 내용을 떠올리며 답을 ④로 적었다.

시험이 끝나자 잘외워는 자신이 예상한 점수가 나왔을 것이라 생각하고 S대학에 지원하였다. 그러나 S대학 합격자를 발표하는 날, 합격자 명단에서 잘외워의 이름은 눈을 씻고 보아도 찾을 수 없었다.

잘외워는 아무리 생각해 보아도 자신이 떨어진 이유를 알 수 없었다. S대학의 커트라인은 분명 자신의 점수였던 것이다. 아니, 자신이 가채점한 점수였던 것이다. 자신이 실수했다고 생각할 수 없었던 그는 정답이 게재된 수능 문제집을 구입해

회전하는 원판 위에 사물을 올려놓으면 밖으로 밀려납니다.
그 이유는 구심력을 못 받아서입니다.

자신의 답과 비교해 보았다. 다른 문제는 모두 잘외워가 맞춰 본 정답과 일치했지만 과학의 마지막 문제 정답은 원심력이 아니라 구심력이었다. 잘외워는 절망스러웠다. 믿을 만한 출판사에서 나온 교양 과학책에 이런 오류를 담고 있다니. 잘외워는 《로손의 놀이동산 여행》의 저자인 제물포 씨와 물몰 출판사를 물리법정에 고소했다.

**여기는 물리법정**

저런, 책 내용이 잘못돼서 독자에게 불이익이 돌아갔군요. 물리법정에서 원심력과 구심력에 대해 정확히 알아봅시다.

물리짱 판사

피고 측 말씀하세요.

증인으로 회전을 많이 하는 쇼트 트랙의 해설자인 김해설 씨를 요청합니다.

물치 변호사

정장 차림이 어색한 듯 넥타이를 자꾸 만지고 있는 김해설 씨가 증인석에 앉았다.

피즈 검사

증인은 쇼트 트랙 프로리그의 텔레비전 해설자가 맞습니까?

네, 그렇습니다.

우선 본인의 학력을 말해 주십시오.

대학원에서 스포츠 물리학 석사 학위를 받았습니다. 회전 운동이 제 관심 분야였습니다.

그럼 석사 학위 논문도 쓰셨겠네요?

그렇습니다. 저는 쇼트 트랙 선수 출신이라 쇼트 트랙에서 상대방 선수와 자리 싸움을 하다 트랙 밖으로 밀려나는 현상에 대한 연구를 했습니다.

쇼트 트랙은 트랙이 짧아서 회전을 많이 하지요?

그렇습니다. 직선 구간이 아주 짧은 편이죠.

그럼 회전하던 선수가 돌지 못하고 벽으로 밀려나는 힘은 뭔가요?

회전 운동에는 두 힘이 있습니다. 하나는 회전의 중심 방향을 향하는 구심력이고, 다른 하나는 회전축의 밖으로 향하는 원심력이죠. 밖으로 선수가 밀려난다면 그건 원심력 때문이죠.

이상입니다.

원고 측 말씀하세요.

회전 운동의 권위자인 도라요 박사를 증인으로 신청합니다.

많이 긴장하여 표정이 굳은 도라가 증인석에 앉았다.

증인은 회전 운동에 대한 세계 최고의 권위자이죠?

쑥스럽지만 남들이 그렇다고들 합니다.

회전 운동을 일으키는 힘은 뭐죠?

원을 그리면서 도는 운동만 고려하여 얘기하겠습니다. 회전 운동을 일으키는 힘은 구심력입니다.

좀 더 알기 쉽게 설명해 주세요.

도라요는 돌멩이가 매달린 줄을 들고 나왔다. 그리고는 원을 그리면서 줄을 돌리기 시작했다. 줄에 매달린 돌멩이가 원을 그리면서 빙글빙글 돌고 있었다.

지금 돌멩이가 원을 그리면서 움직이죠? 이것은 줄의 장력이 구심력의 역할을 하기 때문입니다.

자동차가 커브를 도는 것도 이것으로 설명이 가능한가요?

그렇죠. 자동차의 경우 자동차의 앞 바퀴의 마찰력이 구심력의 역할을 합니다.

그럼 구심력이 없어지면 어떻게 되나요?

구심력을 못 얻으면 물체는 더 이상 원 운동을 못하고 밖으로 밀려나게 됩니다.

그것은 원심력 때문인가요?

아닙니다. 구심력이 없어진 것뿐입니다.

도라요는 줄을 점점 세게 돌렸다. 줄이 툭하고 끊어지면서 돌멩이가 날아가 판사의 이마에 부딪쳤다.

앗! 아무리 물리법정이지만 이렇게 위험한 실험을 법정 안에서 하다니!

죄송합니다. 고의가 아니었습니다. 돌멩이가 날아간 것은 줄이 끊어지자 돌멩이가 더 이상 구심력을 얻지 못해서입니다.

스케이트 선수가 돌다가 밀려나는 것도 구심력 때문인가요?

그렇죠. 흠흠, 그것도 스케이트의 마찰력이 충분한 구심력을 만들지 못해서 사람이 밖으로 밀려나는 겁니다. 물체가 빠르게 회전할수록 더 큰 구심력이 필요하게 됩니다. 만약 스케이트의 날이 무디어 마찰력은 작은데 선수가 빠른 회전을 하려고 한다면 회전 운동을 위한 구심력을 만들 수가 없습니다. 당연히 선수는 원 운동을 못하고 밖으로 밀려나게 될 것입니다.

그럼 회전하는 원판에 지우개를 올려놓고 원판을 점점 더 빠르게 회전시키면 지우개가 밖으로 밀려나는 것도 구심력을 받지 못해서 그런가요?

그렇죠. 지우개와 원판 사이의 접촉력(마찰력)이 구심력 역할을 하는데, 원판이 빨리 돌면 돌수록 구심력은 커져야 합니다. 하지만 접촉력은 일정하기 때문에 빠른 회전에 대한 충분한 구심력을 만들지 못해 지우개는 원 밖으로 밀려나게 됩니다. 만일 지우개를 강력한 본드로 원판에 붙인다면, 아무리 빨리 원판을 돌려도 충분한 구심력을 가지게 됩니다. 따라서 지우개는 계속 원 운동을 할 수 있습니다.

많은 사람들이 원 운동을 하다가 밖으로 밀려나는 것을 원심력 때문이라고 생각하고 있습니다. 그럼 지우개가 밀려나는 것도 원심력 때문이라고 생각할 수 있는 것 아닌가요?

그렇지 않습니다. 많은 사람들, 심지어는 과학 선생님 조차도 원심력과 구심력을 구별 못하는 경우가 많죠. 그러나 원심력은 실제 힘이 아니에요. 같이 회전하는 관찰자가 만들어 낸 힘이지요.

음, 그게 무슨 말이죠? 잘 이해가 안 가네요.

회전하는 원판에 지우개가 붙어서 돌고 있다고 해보죠. 이때 지우개가 구심력을 갖고 있어 원 운동을 하는 겁니다. 이렇게 구심력은 실제의 힘이에요. 회전하는 원판 위에 사람을 앉혀 보죠. 사람도 구심력을 받아 지우개처럼 회전할 겁니다.

그렇죠.

그렇게 회전하는 사람에게 지우개가 어떤 상태냐고 물으면 그 사람이 뭐라고 대답할까요?

그야 정지해 있다고 대답하겠죠.

그럼 그 사람의 입장에서 지우개의 운동을 다뤄 보기로 하죠. 그 사람에게 지우개는 정지해 있어요. 그렇다면 지우개에 작용하는 힘의 합력이 0이어야 해요. 물체가 정지해 있으려면 힘의 합력이 0이어야 하니까요. 제 손바닥 위에 있는 연필을 보세요.

도라요는 연필을 손바닥 위에 올려놓고 피즈와 방청객을 둘러보았다.

이 연필은 지구가 잡아당기는 만유인력을 받는데도 안 움직이죠? 그것은 제 손바닥에 연필을 받치는 힘인 수직 항력이 있기 때문이에요. 두 힘의 크기는 같고 방향은 반대이므로 두 힘의 합력은 0이 되죠. 그래서 손바닥 위의 연필은 안 움직이는 겁니다.

하지만 회전하는 원판에서 지우개가 받는 힘은 구심력밖에 없잖아요. 그런데 왜 원판 위의 사람에게는 지우개가 정지해 있는 걸로 보이죠?

바로 그겁니다. 그러니까 원판에 있는 사람이 지우개가 정지해 있는 걸 설명하기 위해서는 지우개가 받는 힘의 합력이 0이 되어야 해요. 그러니까 이 사람은 지우개의 구심력과 크기는 같고 방향은 반대(원 밖으로 향하는 방향)인 힘이 있다고 믿어야 하죠. 그렇게 가상으로 만들어 낸 힘이 바로 원심력이에요. 그러니까 원판 밖에 있는 사람에게는 만들어 낼 필요가 없는 힘이죠.

그렇습니다. 원심력은 원판에 앉아서 지우개와 함께 돌면서 지우개를 관찰하고 있는 관찰자가 지우개가 정지해 있는 것을 말하기 위해 내세워야 하는 가상의 힘입니다.

하지만 잘외워 군은 교양 과학 베스트셀러인 물몰 출판사의 책에 영향을 받았습니다. 책에서 회전 시 밖으로 쏠리는 힘이 원심력이라고 언급이 되어 있어서 그것을 믿었습니다. 그것을 토대로 문제의 정답을 원심력으로 적어서 불합격하게 되었습니다. 소설이나 만화 또는 판타지의 경우는 작가의 상상력을 통해 허구의 세계나 가공의 세계를 만들어 낼 수 있습니다. 하지만 청소년에게 과학을 가르치는 교양 과학 도서는 과학적으로 옳은 내용을 수록해야 합니다.

판결하겠습니다. 최근 과학공화국에는 교양 과학의 인기를 등에 업고 출판사마다 교양 과학 도서를 출간하고 있습니다. 이번 사건도 그러한 열기 때문에 벌어진 사건 중 하나라고 생각할 수 있습니다. 문제가 된 책의 저자는 과학을 전공한 사람도 아니고, 물리학자의 철저한 감수를 받지 않은 채 출판되었습니다. '약은 약사에게 진료는 의사에게' 라는 유명한 말이 있듯이 과학 책의 저자는 과학에 대해 깊이 있게 알고 있는 사람이거나 그렇지 않을 경우에는 과학의 권위자에게 과학적인 자문을 받을 필요가 있습니다. 이렇게 원심력과 구심력을 구별할 줄 모르는 사람이 교양 과학 서적을 집필하면서 전문가의 자문을 받지 않았다면 저자와 출판사 모두에게 책임이 있습니다.

특히 문제의 책은 한해 10만 부 이상 팔린 베스트셀러입니다. 10만 명의 청소년에게 잘못된 과학을 전달하였다면 그 죄가 작다고 볼 수는 없습니다.

이에 문제의 책에 대한 출판을 금지합니다. 동시에 잘외워 군의 재수 비용과 재수에 따른 정신적 위자료를 부담할 것을 판결합니다.

문제의 책은 각 서점으로부터 반품되었다. 그리고 출판사는 도라요 박사에게 비슷한 내용의 교양 과학 시리즈를 집필해 줄 것을 의뢰했다. 그리고 물리적으로 완벽한 책이 출시되었다. 한편 물몰 출판사가 준 학원비로 재수를 한 잘외워는 이듬해 수학능력 시험에서 수석을 차지하였다.

# 돌려보자! 토크

문을 열 때 문의 회전축 부분을 밀면 문이 회전하지 않습니다. 하지만 회전축으로부터 먼 곳을 밀면 문은 쉽게 회전합니다. 그래서 문의 손잡이를 회전축으로부터 먼 곳에 두는 것입니다.

이렇게 물체를 회전시키기 위해서는 물체에 토크가 작용해야 하지요. 토크? 처음 보는 단어라고요? 토크는 물체의 회전 운동을

회전문을 이용할 때 잊지 마세요.
회전축에서 가까운 곳을 밀면 회전문은 열리지 않습니다.

변화시키는 양인데 다음과 같이 정의됩니다.

⭐ **토크** = 회전축으로부터의 거리 × 힘

　같은 힘을 작용하더라도 회전축으로부터 거리가 멀수록 회전이
잘 됩니다.

　회전과 토크를 잘 설명해 주는 예가 있어요. 시소를 타 볼까요?

$$250 \times 3 = 750$$
$$500 \times 1.5 = 750$$

왼쪽에 앉은 여자 아이의 무게는 250N이고 회전축으로부터의 거리는 3m입니다. 그럼 여자 아이의 토크는 얼마일까요? 두 수를 곱한 750Nm이다. 여자 아이의 무게는 시소를 어느 방향으로 돌리려고 하지요? 바로 반시계 방향입니다. 이처럼 토크에도 방향이 있습니다.

　오른쪽 남자 아이의 토크를 구해 봅시다. 무게는 500N이고 회전축으로부터의 거리는 1.5m이므로 남자 아이의 토크 역시 750Nm이다. 하지만 남자 아이는 시소를 시계 방향으로 돌리려고 하는군요.

　그렇다면 시소에는 시계 방향으로 돌리려는 남자 아이에 의한 토크와 그와 크기는 같고 반시계 방향으로 돌리려는 여자 아이에 의한 토크가 작용하는군요. 이렇게 두 방향으로 향하는 토크의 크기가 같으면 시소는 움직이지 않습니다. 이것을 회전 평형이라고 합니다.

# 장소에 따라 옷 색깔이 달라 보일까

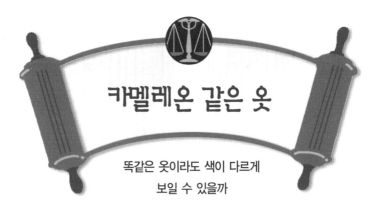

# 카멜레온 같은 옷

똑같은 옷이라도 색이 다르게
보일 수 있을까

이빨강은 자신의 외모를 꾸미는 데 열성적이었다. 예쁜 얼굴에 옷 입는 센스가 있는 그녀는 회사 내에서도 사람들의 관심을 한 몸에 받고 있었다. 빨간 옷을 유난히 좋아하는 이빨강은 회사에서 레드 뷰티라고 불렸다.

이빨강은 로디 거리를 걷고 있었다. 로디 거리는 패션의 거리답게 도로 양옆으로 많은 옷 가게들이 즐비하게 늘어서 있었다. 이빨강은 옷가게 중에서 빨간 원피스가 진열된 곳을 발견했다. 그 가게는 레드 드레스라는 간판이 걸린 매장이었다.

이름대로 매장 안에는 빨간 옷들로 진열되어 있었다. 사방에서 백열등이 빨간 옷들을 비추고 있었다. 백열등의 노란빛과 옷의 빨간빛이 아름답게 조화를 이루고 있었다. 이빨강은 가게에 들어가 가장 빨갛게 보이는 원피스 한 벌을 샀다.

다음날 이빨강은 새로 산 빨간 원피스를 입고 자신 있게 회사 여기저기를 돌아다녔다. 이빨강은 사람들이 자신의 빨간 원피스와 늘씬한 각선미를 부러워할 것이라 생각했다.

하지만 주의의 반응은 그녀가 생각하는 것과는 다른 방향으로 흘러갔다. 이빨강은 주위의 시선에서 부러움 대신 비웃는 듯한 느낌을 받았다.

"레드 뷰티가 요즘 돈이 없나? 왜 색이 바랜 빨간 옷을 입고 다니지?"

"이제 레드 뷰티도 한물갔군."

다음날부터 이빨강은 빨간 원피스를 절대로 입지 않았다. 그리고 비싸게 산 새 옷을 제대로 입지도 못해서 생각할수록 화가 났다. 이빨강은 레드 드레스를 물리법정에 고소했다.

똑같은 옷이라도 형광등과 백열등 아래서 다르게 보입니다.
빛의 반사에 대해 알아봅시다.

어떻게 옷의 색깔이 변할 수 있을까요? 물리법정에서 백열등과 형광등의 빛에 대해 알아봅시다.

물리짱 판사

물치 변호사

피즈 검사

재판을 시작하겠습니다. 피고 측 말씀하세요.

이빨강 씨는 빨간 옷을 좋아해서 빨간 옷 전문점인 레드 드레스에 전시된 옷 중 가장 빨간 옷을 샀습니다. 그러므로 빨간 옷을 좋아하는 손님에게 빨간 옷을 판매한 것은 아무런 문제가 되지 않습니다. 레드 드레스는 잘못이 없습니다.

원고 측 말씀하세요.

이번 사건은 색과 관련된 문제라고 생각됩니다. 그래서 색 전문가인 김적광 씨를 증인으로 요청합니다.

빨간 티에 파란 바지를 입은 김적광이 증인석에 앉았다.

증인이 하는 일을 말씀해 주십시오.

저는 빛과 색이라는 연구소의 연구원입니다.

이빨강 씨는 쇼윈도에서 짙은 빨간색 옷이라고 해서 샀는데 사무실에 입고 나갔을 때는 색이 바랜 빨간 옷이었다고 합니다. 이런 일이 가능합니까?

물론입니다. 조명에 따라 달라질 수 있습니다.

그건 무슨 말이죠?

우리가 말하는 색상이라는 것은 빛이 가지고 있는 모든 색 중에서 물체가 어떤 색깔을 많이 흡수하고 어떤 색깔을 많이 반사하는지에 따라 결정됩니다. 지금 제 티셔츠는 여러분의 눈에 빨갛게 보이겠지요? 이것은 저 불빛에서 나온 빨주노초파남보의 무지갯빛 중에서 빨간빛만 반사하고, 나머지 다른 빛은 모두 흡수하기 때문입니다. 그래서 제 옷에 반사된 빨간빛이 여러분의 눈에 빨간색으로 보이는 것이죠.

백열등과 형광등에도 빨주노초파남보의 모든 빛이 있으니까 빨간 옷은 어디에서든 같은 색깔로 보이겠군요.

아니에요. 백열등과 형광등은 원리가 다른 인공의 빛이죠. 자연의 빛인 햇빛과는 차이가 있습니다.

그렇다면 햇빛, 백열등, 형광등의 빛이 다 다르다는 건가요?

그렇죠. 백열등이나 형광등은 자연의 빛을 비슷하게 만들어 내는 조명 기구입니다. 하지만 빛을 내는 원리가 다르기 때문에 두 빛을 자세히 들여다보면 차이를 발견할 수 있지요.

어떤 차이죠?

백열등은 저항이 전류를 흘려보내 필라멘트가 뜨거워지면서 빛과 열을 내지요. 이때 햇빛보다 빨간 빛이 더 많은 빛을 내게 됩니다. 하지만 형광등은 유리관의 전극에서 나온

전자들이 수은들과 부딪쳐 자외선을 내고, 그 자외선이 유리
관에 발라 놓은 형광 물질과 부딪쳐 빛을 내게 됩니다. 그래
서 형광등의 빛에는 햇빛에 비해 푸른빛이 더 많습니다.

백열등의 빛에는 빨간빛이 많고 형광등의 빛에는 푸른빛
이 많다는 말이군요. 그런데 그것이 색깔과 관계가 있나요?

즉, 빨간 옷은 빨간빛이 많은 백열등 아래서는 더 빨갛
게 보이지만 빨간빛이 상대적으로 적은 형광등 아래에서는
덜 빨갛게 보이게 되죠. 반대로 파란 옷은 형광등 아래에서
더 파랗게 보이겠죠.

존경하는 재판장님, 이빨강 씨는 누구보다도 빨간 옷을
좋아합니다. 그래서 빨간 옷 전문점에 들어가서 옷을 골랐습
니다. 그런데 레드 드레스는 여러 개의 백열등 조명을 설치
하여 빨간색을 더 강조함으로써 고객을 현혹시켰습니다. 이
것은 명백한 색깔 사기 행위에 해당합니다. 색에 관한 법률
에 따르면 자동차나 옷과 같은 물품을 전시할 때는 자연 채
광을 하거나 형광등과 백열등 조명을 동시에 설치해야 합니
다. 소비자들로 하여금 물체의 원래 색을 선택할 수 있도록
하기 위해서입니다. 이 법률에 의하면 레드 드레스는 색에
대한 법률을 위반했습니다. 빨간 옷을 백열등 아래에서만 전
시하였으므로 유죄입니다.

빨간 색의 색상 범위는 넓습니다. 현재 옷값이 턱없이

비싸기 때문에 월급쟁이들이 큰맘 먹고 할부로 새 옷을 장만해야 하는 현실에서, 소비자는 자신의 취향에 따라 짙은 빨간색의 옷을 선호할 권리가 있습니다. 원고인 이빨강 씨도 그런 경우에 해당된다고 보입니다.

그런데 빨간 옷을 백열등 조명 아래서 더 빨갛게 보이게 진열했다면 잘못입니다. 이것은 판매자의 책임을 다하지 못한 것이므로 레드 드레스는 이빨강 씨의 옷을 현금으로 돌려주십시오. 앞으로 빨간 옷을 백열등 조명으로 진열할 때는 '백열등 아래서는 더 빨갛게 보일 수 있다.'는 문구를 붙이세요.

이렇게 하여 이빨강은 옷값을 받을 수 있었다. 얼마 후 레드 드레스에는 다음과 같은 문구의 표지판이 붙었다.

'주의! 빨간 옷은 백열등 아래서 더 빨갛게 보입니다.'

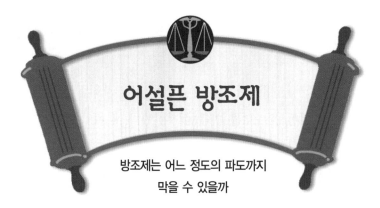

# 어설픈 방조제

### 방조제는 어느 정도의 파도까지
### 막을 수 있을까

**사건
속으로**

물리공화국의 남부에는 작은 해안 도시 펄스가 있다. 해안선
이 복잡한 펄스 시티는 농경지가 부족했다. 그래서 바다를
매립하여 간척지를 만들 필요가 있었다.

어느 날 간척지 공사를 위해 시청에서 공무원들이 파견되었
다. 펄스 시티의 인근 바다는 수심이 얕아 간척지 공사가 쉬
웠다. 하지만 바닷물의 범람을 막기 위한 방조제를 세워야만
했다.

이제 시청에서는 공사 업체를 선정하기로 했다. 워낙 대규

모 공사이다 보니 많은 건설회사에서 공사를 하려고 했다. 그중 최저 공사비를 제시한 무책임 건설이 공사를 책임지게 되었다.

방조제는 바다와 간척지 사이로 길게 세워질 것이며, 그 위로 자동차 도로를 만들 예정이었다. 무책임 건설의 이대충 사장은 최종 공사 계획을 펄스 시청으로부터 허가를 받기 위해 담당 공무원인 나비리 과장을 만나야 했다. 나비리 과장과 만나기 하루 전, 시내 유흥 주점 하루쐬의 밀실에서 두 사람은 비밀스럽게 만났다.

"과장님, 좀 상의 드릴 일이… 음, 방조제 문제로…."

"이 사장님, 무슨 문제라도 있나요?"

"십년 전에 큰 파도가 한 번 지나간 이후로 최근에는 뭐 이렇다 할 피해를 준 파도가 없지 않습니까? 음, 그러니 방조제의 폭을 기준보다 조금 좁게 만들어도."

"허, 그래도…."

흰 봉투 한 장이 오갔고, 분위기는 무르익었다.

이대충은 잘삐져 마담에게 술과 밴드를 주문했다. 이렇게 나비리와 이대충의 만남에 의해 방조제의 폭과 높이는 기준보다 작아졌다. 덕분에 이대충은 공사 비용을 엄청나게 줄일 수 있었다. 어쨌든 펄스 시티에 방조제가 완공되고, 새로운 간척지에 많은 사람들이 이주했다.

몇 해가 지난 여름, 펄스 시티에 사상 초유의 초강력 태풍 다쓰러가 상륙했다. 태풍은 바다의 파도를 부추겨 방조제를 덮쳤다. 간척지는 바닷물에 잠겨 많은 피해를 가져왔다. 농작물과 집이 물에 잠겼고, 그곳에 이주한 사람들의 한숨 소리도 물에 잠겼다.

그때 마을의 젊은이 한 명이 소리쳤다.

"방조제가 어떻게 단 한 번의 파도를 못 버팁니까? 그게 무슨 방조제야?"

"그래, 맞아!"

마을 사람들이 웅성거리기 시작했다.

"방조제를 부실 시공한 것이 틀림없습니다. 방조제를 만든 무책임 건설에 손해 배상을 청구합시다!"

"옳소!"

마을 사람들은 젊은이의 제안에 찬성했다. 이렇게 하여 사건을 물리법정에서 해결하게 되었다.

방파제를 만드는 데도 물리적인 지식이 필요합니다.
파장과 반사의 원리에 대해 알아봅시다.

저런, 방파제를 안전 규격에 맞게 설계했다면 이런 일이 일어나지 않았을 텐데요. 그럼 방조제는 어느 정도의 파도까지 막을 수 있을까요? 물리법정에서 파장과 반사에 대해 알아봅시다.

물리짱 판사

물치 변호사

피즈 검사

피고 측 말씀하세요.

물론 방조제의 역할은 파도를 막아 주는 것입니다. 그렇다고 해서 모든 파도를 막을 수는 없습니다. 예상치 못한 일이 생길 수 있다는 것을 인정해야지요. 무책임 건설은 펄스 시티 인근 해역의 십년간 파도 높이를 조사한 후 방조제의 폭과 높이를 정한 것입니다. 기상 예보에서 말했듯이 이번 태풍 다쓰러는 예상할 수 없었던 강한 태풍이었습니다. 이로 인해 초대형 파도가 생겨 방조제를 넘은 것은 천재지변이라고 볼 수 있습니다. 그러므로 무책임 건설은 잘못이 없습니다.

원고 측 말씀하세요.

증인으로 장파장 박사를 요청합니다.

단정해 보이는 30대 중반의 여성이 증인석에 앉았다.

증인이 하는 일에 대해 설명해 주십시오.

여러 바다에서 발생하는 파도의 파장을 측정하는 일을

맡고 있습니다. 파도는 오르락내리락하는 파동입니다. 이때 파도가 가장 높이 올라간 곳에서 다음 번 파도가 가장 높이 올라간 곳까지의 거리를 파장이라고 합니다. 파동은 진행 도중에 장애물을 만나면 그 장애물을 넘어가거나 반사됩니다. 이때 장애물의 크기가 파동의 파장에 비해 크면 파동은 튕겨져 나가는 반사를 합니다. 파동의 파장이 장애물의 크기에 비해 크면 장애물을 넘어가는 성질이 있습니다. 뭐, 이런 것을 연구하고 있습니다.

이번 사건에서 방조제가 파도의 장애물이라고 할 수 있겠습니까? 그렇다면 파도의 파장에 따라 파도가 방조제를 넘어갈 수도 있겠군요.

그렇지요. 태풍이 오면 큰 파도가 칠 수 있으니 최근 몇십 년 동안의 파도 파장을 조사해서 충분한 방조제의 폭을 결정해야겠죠.

증인은 최근 펄스 시티 인근 해역의 파도의 파장을 조사한 적이 있죠?

네, 펄스 시티는 10년에 한 번 꼴로 큰 파도가 나타났습니다.

그럼 이번에 방조제를 넘은 파도와 비슷한 파도가 10년 전에도 발생했었다는 거군요?

그렇습니다.

🌀 고맙습니다. 재판장님, 이번 사건을 조사하다가 놀라운 사실을 알아냈습니다. 공사 허가 전날, 무책임 건설의 이대충 사장과 펄스 시티 시청의 나비리 과장이 몰래 만났다고 합니다. 그 자리에 있었던 하루쏴 주점의 잘삐져 사장을 두 번째 증인으로 요청합니다.

잘삐져가 불안한 표정으로 증인석에 앉았다.

🌀 증인은 이대충 사장과 나비리 과장의 술자리에 동석했었죠?

🍠 그래요.

🌀 두 사람이 무슨 얘기를 나눴는지 이야기할 수 있습니까?

🍠 잘은 모르겠지만 이 사장님이 방조제의 폭을 좀 좁게 하자고 한 것 같고, 봉투 같은 게 오갔어요. 그리고 나 과장님도 동의를 했죠.

🌀 존경하는 재판장님, 나비리 과장이 방조제가 기준 안전 폭이 아닌데도 뇌물을 받고 인허가를 해 준 데 대해서 이미 일반 법정에 고소한 상태입니다. 이 법정에서는 뇌물 수수 부분이 아닌 순수하게 물리학적인 판단으로 이들의 죄를 묻고자 합니다. 앞서 장파장 박사가 언급했듯이 파도는 파동이라는 물리 현상입니다. 이때 파동이 장애물을 넘어가느냐 안

넘어가느냐는 파동의 파장에 비해 장애물의 폭이 얼마나 크냐에 달려 있습니다. 방조제의 폭이 파도의 파장보다 충분히 컸다면 이번처럼 파도가 방조제를 넘어 간척지를 덮치지는 않았을 것입니다.

그런데 나비리 과장은 10년 전에도 큰 파장을 가진 파도가 있었다는 것을 알고 있으면서도 방조제의 폭을 좁게 만들어 공사 비용을 줄이려는 무책임 건설의 손을 들어주었습니다. 따라서 이번 사건은 파도를 견딜 수 있을 만한 안전을 확보하지 않고 방조제를 설계하여 일어난 것입니다.

판결하겠습니다. 파장이 장애물의 크기보다 길면 그 장애물을 잘 넘어간다는 것은 기본적인 물리 상식입니다. 하늘이 파란 이유를 설명하는 데 있어 가장 많이 쓰이는 이론이기도 하지요. 태양 빛에는 파장이 긴 빨간빛부터 파장이 짧은 파란빛까지 여러 빛이 섞여 있는데, 그중 빨간빛은 하늘을 이루는 대기 알갱이의 크기보다 파장이 길어 알갱이를 그냥 지나쳐 가지요. 파란빛은 대기 알갱이보다 파장이 짧아 우리 눈에 반사되어 하늘이 파랗게 보이는 것입니다.

흥미로운 물리 이론이 나와서 판결문이 길어졌군요. 자, 판결 내리겠습니다. 이번 사건은 방조제의 폭을 파도의 최대 파장보다 작게 만들어서 파도가 방조제를 넘어서 생긴 것입니다. 무책임 건설회사는 방조제를 넓은 폭으로 다시 세우고, 마을 사람들의 피해를 복구해 주어야 합니다.

판결 후 무책임 건설은 방조제를 다시 쌓고 침수된 농경지 복구에 최선을 다했다. 이로써 펄스 시티의 간척지 마을에는 평화가 찾아왔다.

# 반짝반짝 빛

빛은 입자일까요? 아니면 물에 생긴 파문처럼 파동일까요? 정답은 둘 다입니다. 즉 빛은 파동이면서 동시에 입자이지요.

우리 눈에 보이는 빛을 가시광선이라고 합니다.
가시광선의 7가지 색마다 파장의 길이가 다릅니다.

빛을 입자로 생각하면 빛의 성질을 알 수 있습니다. 우리 눈에 보이는 빛을 가시광선이라고 하는데요. 가시광선은 빨주노초파남보의 7색입니다. 빨간빛을 이루는 알갱이는 보랏빛을 이루는 알갱이보다 파장이 깁니다. 따라서 빨강에서 보라로 갈수록 빛의 파장이 짧아집니다.

그럼 빨간빛보다 파장이 긴 빛은 어떤 색일까요? 불행히도 그 빛은 우리 눈에 보이지 않아서 색을 알 수 없습니다. 우리는 그 빛을 적외선이라고 부른답니다. 그리고 보랏빛보다 파장이 짧은 빛도 우리 눈에 보이지 않는데요. 그 빛을 자외선이라고 합니다.

눈에 보이지는 않지만 우리는 적외선과 자외선을 느낄 수 있습니다. 어떻게 느끼냐고요? 집에서 리모컨을 눌러 보세요. 리모컨에서 텔레비전의 센서를 향해 날아가는 빛은 우리 눈에 보이지 않은 적외선입니다. 또 여름철에 해수욕장에 가면 얼굴이 따가울 정도로 얼굴색이 검게 변합니다. 이것은 자외선이 여러분의 피부를 태우기 때문이에요. 자외선은 무시무시한 빛입니다. 너무 많이 쬐이면 피부 암으로 죽을 수도 있으니까요!

# 물체의 색깔

이 세상에는 여러 가지 색깔의 물체들이 있어요. 그것은 물체가 어떤 색깔의 빛은 흡수하고 어떤 색깔의 빛은 반사하기 때문입니다. 빨간 꽃을 볼까요? 여러분의 눈에 빨갛게 보일 겁니다! 너무 당연한가요?

그 원리를 과학적으로 정리해 볼게요. 빨간 꽃은 자기를 향해 날아온 7색깔의 빛 중에서 빨간 빛을 제외한 다른 색의 빛을 모두 흡수합니다. 따라서 여러분의 눈에 빨간 꽃이 빨갛게 보이는 거예요.

빨간 옷에 반사된 빛이 눈에 들어올 때는
빨간빛만 들어오게 됩니다.

# 물리와 친해지세요

이 책을 쓰면서 좀 고민이 되었습니다. 과연 누구를 위해 이 책을 쓸 것인지 난감했거든요. 처음에는 대학생과 성인들을 대상으로 쓰려고 했습니다. 그러다 생각을 바꾸었습니다. 물리와 관련된 생활 속의 사건이 초등학생과 중학생에게도 흥미 있을 거라는 생각에서였지요.

초등학생과 중학생은 앞으로 우리나라가 21세기 선진국으로 발전하기 위해 필요로 하는 과학 기술의 꿈 나무들입니다. 하지만 최근에는 청소년 과학 교육에 대해 무관심하지 않나 싶습니다. 생활 속에서 과학을 발견하도록 하여 쉽게 이해시키는 교육보다는 공식이나 개념을 암기시키는 교육이 성행하곤 하니까요. 과연 우리나라에서 노벨상 수상자가 나올까 하는 의문이 들 정도로 심각한 상황에 놓였습니다.

저는 부족하지만 생활 속의 물리를 학생 여러분의 눈높이에 맞추고 싶었습니다. 물리는 먼 곳에 있는 것이 아니라 우리 주변에 있다는 것을 알리고 싶었습니다. 물리 공부는 자연에 대한 호기심과 궁금증에서 시작됩니다. 물리와 관련된 수많은 청소년 대상 도서들이 쏟아져 나오는 현실에서, 이 책이 청소년들에게 실질적인 도움을 주었으면 합니다.